基礎から学ぶ
大学の化学

改訂版

梅本宏信 編／伊藤省吾・植田一正・梅本宏信
織田ゆか里・神田一浩・平川和貴・宮林恵子
盛谷浩右・山田眞吉 共著

培風館

執筆者一覧

植 田 一 正　国立大学法人 静岡大学学術院工学領域　　（第 4〜6 章）

梅 本 宏 信　国立大学法人 静岡大学名誉教授　　　　（第 1〜3 章，第 11 章，
　　　　　　　　　　　　　　　　　　　　　　　　　第 13 章第 1 節第 2 項，付録）

平 川 和 貴　国立大学法人 静岡大学学術院工学領域　　（第 8〜10 章）

山 田 眞 吉　国立大学法人 静岡大学名誉教授　　　　（第 7 章，第 12 章，
　　　　　　　　　　　　　　　　　　　　　　　　　第 13 章 ［第 1 節第 2 項を除く］，第 14 章）

伊 藤 省 吾　公立大学法人 兵庫県立大学大学院工学研究科　　　（コラム記事）

織 田 ゆか里　国立大学法人 静岡大学学術院工学領域　　（コラム記事）

神 田 一 浩　公立大学法人 兵庫県立大学高度産業科学技術研究所　（コラム記事）

宮 林 恵 子　国立大学法人 静岡大学学術院工学領域　　（コラム記事）

盛 谷 浩 右　公立大学法人 兵庫県立大学大学院工学研究科　　　（コラム記事）

（2024 年 10 月現在）

本書の無断複写は，著作権法上での例外を除き，禁じられています。
本書を複写される場合は，その都度当社の許諾を得てください。

はじめに

　本書は，大学初年次の理系学生向けの化学の教科書として執筆したものである。内容的には，化学全般の基礎である物理化学，無機化学に主眼を置き，すべての理科系学科に対応できるようにしている。工学系学生の読者を意識して，実際の応用例を挿入した部分もあるが，基軸はあくまで基礎においている。これは，現在最先端の技術も 10 年後には陳腐なものとなることを考え，時代とともに変わらない部分をしっかりとマスターして欲しいと考えているからである。さらに，本文中にできるだけ多くの例題を掲げ，理解の助けになるようにした。索引では，今後，英語の教科書や学術論文に接するであろうことなどを考慮して，すべての重要語句に対して英語表記を併記した。

　本書の執筆にあたり，もっとも腐心したのは，「わかりやすさ」と「厳密性」の両立である。シュレーディンガー方程式を抜きにして化学結合を語ることはできない。しかし，シュレーディンガー方程式を実際に解くにはかなり高度な数学の知識が必要となる。化学平衡を語るにはギブズエネルギーの概念が必要であり，そのためにはエントロピーという難物とまず対峙しなければならない。しかし，現実問題として，すべてを原理や定義にまで遡って説明することは不可能である。そこで，本書では，シュレーディンガー方程式の解法例などは本文にではなく付録形式で記載するに留めた。また，熱力学の分野では，あえて証明を割愛した部分もある。なお，高等学校の数学では履修しない「微分方程式」については，解法を一切省略しない記述を心がけた。また，偏微分や行列は使用していない。

　なお，本書において著者が真に伝えたいことは「化学」を通じた「科学的ものの考え方」である。昨今は，次元の異なる物理量を平気で足し算したり，単位をつけずに物理量の数値だけ報告したりする学生が少なからずいる。本書を学ぶことで，少しでもこのような学生が減少してくれれば，著者の努力も報われて余りある。

　最後に，本書の執筆にあたって有益なご教示を賜りました静岡大学工学部の生駒修治氏と出版にあたってお世話になりました株式会社培風館の斉藤淳氏，山本新氏ほかの方々に感謝の意を表します。

　2010 年 12 月

著者を代表して

梅 本 宏 信

改訂版の出版にあたって

　本書の初版出版（2011 年）以来，13 年が経過した。その間に化学をとりまく世界にも大きな変化があった。たとえば，2019 年にはアボガドロ定数が実験的に決定される測定値から先験的に定められた定義値に変わった。その結果，物質量の単位（モル）の定義も変更された。逆に水の三重点の温度（固体，液体，気体の水が同時に存在できる温度）は，定義された厳密な値から測定値に変わった。また，この間に元素の種類もニホニウムなどが加わり 112 種から 118 種となった。高等学校の学習指導要領では，化学反応などに伴う熱の発生や吸収を扱う分野において，従来の「熱化学方程式を用いた方式」が「エンタルピー変化を併記する方式」に変更された。身近な生活面に目を向けると，再生可能エネルギーの利用が拡大したほか，電気自動車やハイブリッド車の普及に欠かせない蓄電技術の発展も目覚ましい。

　これまでも増刷のたびに細かな修正は重ねてきたが，今回は，これらの変更点も含めて全面的に見直すことにした。また，「基軸は基礎におく」という基本方針は貫きつつも，工学系の学生諸君の要望に応える形で「基礎化学の工業的応用例や実際の生活とのかかわりを紹介するコラム記事」を諸所に挿入することにし，そのための新たな執筆者も加わった。また，今後，新たな未知分野を開拓していくには，先人の苦労をトレースしてみることも重要である。その意味で，これまで欄外記事などに少しだけ掲載していた科学史的な話題もコラム記事に取り入れた。新執筆陣のフレッシュな感性に期待していただきたい。そして，本書の姉妹編である「演習・基礎から学ぶ大学の化学」（培風館，2018 年）とあわせて活用していただきたい。

　最後に，改訂版の出版にあたって，お世話になった株式会社培風館の斉藤淳氏，久保田将広氏ほかの皆様に感謝の意を表したい。

2024 年 10 月

著者を代表して

梅 本 宏 信

目　次

第 1 章　原子の構造と電子配置　　　　　　　　　　　　　1

1.1　原子核をとりまく電子　1
1.2　原子論と分子論　4
1.3　物　質　量　8
1.4　原子における電子の軌道　9
第 1 章演習問題　14

第 2 章　元素の周期律と属性　　　　　　　　　　　　　15

2.1　元素の周期律の発見　15
2.2　元素の性質と周期性　17
2.3　原子番号の決定（モーズリーの実験）　20
2.4　原子の大きさ　21
2.5　同　位　体　23
第 2 章演習問題　25
コラム：原子論確立初期　26
コラム：同位体存在比の偏差　26

第 3 章　量子力学入門　　　　　　　　　　　　　　　　27

3.1　光の粒子性と波動性　27
3.2　光子の運動量　29
3.3　ド・ブロイの物質波の概念　29
3.4　シュレーディンガー方程式と量子力学　30
3.5　水素原子の波動関数と量子数　33
3.A　微分方程式　34
3.B　箱の中の粒子　34
3.C　不確定性原理　35
3.D　ボーアの原子モデル　36
第 3 章演習問題　37
コラム：量子論をつくらせたのは？　38
コラム：X 線光電子分光測定による表面分析　38

第4章　共有結合と配位結合　　39

4.1　共有結合と電子式　39

4.2　分子軌道　43

　　4.2.1　水素分子における分子軌道

　　4.2.2　フッ素分子における分子軌道

4.3　配位結合　48

4.A　静電ポテンシャルエネルギー　49

第4章演習問題　49

第5章　共有結合分子の構造　　51

5.1　電子対反発則　51

5.2　混成軌道　53

　　5.2.1　sp^3 混成軌道

　　5.2.2　sp^2 混成軌道

　　5.2.3　sp 混成軌道

5.3　共　鳴　59

5.4　共役系　61

第5章演習問題　63

第6章　イオン結合と水素結合　　65

6.1　イオン結合　65

6.2　共有結合性とイオン結合性　66

　　6.2.1　マリケンの電気陰性度

　　6.2.2　ポーリングの電気陰性度

　　6.2.3　極性共有結合

6.3　水素結合　69

6.4　ファンデルワールス結合　70

第6章演習問題　72

第7章　固体の化学　　73

7.1　結晶構造　73

　　7.1.1　ブラベ格子

　　7.1.2　最密充填

7.2　金属結晶　75

7.3　イオン結晶　78

7.4　共有結合結晶　80

7.5　分子結晶　81

7.6　半導体　82

　　7.6.1　真性半導体

　　7.6.2　不純物半導体

第7章演習問題　84

コラム：太陽電池について　85

コラム：ドリルからペットボトルまで　86

第8章　物質系の変化とエネルギー　87

8.1　エネルギーとその保存　87

8.2　系と外界　88

8.3　理想気体と状態方程式　89

8.4　状態量（状態変数）　90

8.5　熱力学第一法則　90

8.6　エンタルピー　91

8.7　比熱容量　93

8.8　化学反応とエンタルピー変化　94

 8.8.1　反応熱と標準生成エンタルピー

 8.8.2　化学反応におけるエンタルピー変化の計算

 8.8.3　ヘスの法則

8.A　理想気体の内部エネルギー　98

8.B　熱と仕事が状態量ではないことの説明　99

第8章演習問題　100

第9章　物質の変化の方向性　101

9.1　自発過程の方向性：熱力学第二法則　101

9.2　可逆過程と不可逆過程　102

9.3　理想気体の等温可逆膨張過程　103

9.4　エントロピー　103

9.5　可逆過程におけるエントロピー変化　104

9.6　不可逆過程におけるエントロピー変化　105

9.7　エントロピーの絶対値と熱力学第三法則　106

9.8　ギブズエネルギー　107

9.A　統計力学とエントロピー　110

第9章演習問題　110

第10章　物質変化の駆動力と平衡　111

10.1　化学ポテンシャル　111

10.2　化学平衡　112

 10.2.1　気相反応における化学平衡

 10.2.2　液相反応における化学平衡

 10.2.3　固相を含む反応の化学平衡

10.3　標準平衡定数と標準反応ギブズエネルギー　115

10.4　平衡の移動　117

 10.4.1　圧力の変化と平衡の移動

10.4.2 温度の変化と平衡の移動
10.4.3 濃度の変化と平衡の移動

10.A 化学ポテンシャルの圧力依存性　120

第10章演習問題　121

コラム：触媒 —— 持続可能な未来への鍵　122

第11章　物質の状態変化　123

11.1 物質の三態　123

11.2 系の自由度と相律　124

11.3 一成分系における状態の変化　125

11.3.1 相転移の圧力-温度図
11.3.2 蒸発エンタルピーと沸点
11.3.3 超臨界流体
11.3.4 液　晶

11.4 二成分系における状態の変化　127

11.4.1 液体二成分系の相図
11.4.2 固体二成分系の相図

11.A ギブズの相律の証明　129

11.B 式(11.2)の導出　130

第11章演習問題　131

コラム：高分子の固体　132

第12章　溶液の性質　133

12.1 液体の性質　133

12.2 溶液の構成成分：溶媒と溶質　134

12.2.1 溶　媒
12.2.2 溶　質

12.3 溶液組成の表し方　135

12.4 理想溶液　136

12.5 希薄溶液　137

12.5.1 沸点上昇
12.5.2 凝固点降下
12.5.3 浸透圧

12.A ファントホッフの式の導出　139

第12章演習問題　140

第13章　溶液内の化学反応　141

13.1 酸塩基反応　141

13.1.1 酸と塩基の定義
13.1.2 水のイオン積
13.1.3 水素イオン指数（pH）
13.1.4 酸の強さ
13.1.5 塩基と塩の加水分解

目　次　　　　　　　　　　　　　　　　　　　　　　　　　　　　　　vii

　　　　　　13.1.6　pH 緩衝液
　13.2　沈殿の生成反応　　146
　　　　　　13.2.1　難溶性塩の溶解
　　　　　　13.2.2　沈殿の生成
　13.3　酸化還元反応　　148
　　　　　　13.3.1　酸化反応と還元反応
　　　　　　13.3.2　電池と起電力
　　　　　　13.3.3　標準電極電位
　　　　　　13.3.4　金属の標準電極電位とイオン化傾向
　第 13 章演習問題　　152
　コラム：二次電池——リチウムイオン電池のしくみ　　154

第 14 章　化学反応の速度　　　　　　　　　　　　　　　　　155

　14.1　反応速度と反応速度式　　155
　14.2　一 次 反 応　　156
　14.3　二 次 反 応　　157
　14.4　擬一次反応　　159
　14.5　可逆反応と標準平衡定数　　159
　14.6　反応速度の温度依存　　161
　第 14 章演習問題　　161
　コラム：水素エネルギーについて　　162

付録　化学の基礎事項　　　　　　　　　　　　　　　　　　　　163

　単　　位　　163
　単位系の計算　　165
　有効数字と測定値の演算　　165
　測定値の誤差　　167
　ギリシャ文字とその読み方　　168
　ギリシャ語およびラテン語起源の数詞　　168
　コラム：科学の役割　　169

索　　引　　　　　　　　　　　　　　　　　　　　　　　　　　171

1 原子の構造と電子配置

第1章では，物質は分子や原子から成り立っていること，原子は原子核と電子からなり，原子核は陽子と中性子から成り立っていること，原子核をとりまく電子にもいろいろな状態があることなどを学ぶ。高等学校の化学の教科書にも「原子」，「原子核」，「電子殻」といった概念が登場する。ここでは，新たに電子の「軌道」という概念について学ぶ。

1.1 原子核をとりまく電子

高等学校の化学の教科書では，「原子」「原子核」「電子」「電子殻」「電子配置」について，以下のような説明がなされていたと思う。

原子：物質を構成する 10^{-10} m 程度の大きさの粒子。電気的には中性で，1個の原子核とそれをとりまく電子から構成される。

原子核：原子の中心に位置する 10^{-15} から 10^{-14} m 程度の大きさの粒子。正の電荷（1.602×10^{-19} C）をもつ陽子と電荷をもたない中性子から構成される。

電子：原子核をとりまき，原子を構成する負の電荷（-1.602×10^{-19} C）をもつ粒子。

電子殻：原子内で電子が存在できる層。内側から K，L，M，N 殻と呼ぶ。

電子配置：電子殻に対する電子の配分のされ方。

もちろん，これらの説明に嘘はないが，ここではもう少し厳密な話をする。たとえば，高等学校の教科書には，原子の構造の説明として，太陽系における太陽と惑星を連想させるようなものがある（図1.1，1.2）。図1.1を見る限り，L 殻の電子が K 殻の内側に来ることはなさそうに見える。しかし，現実には，確率は低いが，そのようなことも十分ありうるのである。すなわち，電子殻とは空間を仕切るものではない。電子の「**軌道（orbital）**」とは，惑星の「軌道（orbit）」のように，位置を時間の関数として追跡できるものではないのである。

太陽系のような大きな系をマクロ（巨視的）な系という。我々の日常生活もマクロな系でのものと思ってよい。一方，原子のような小さな系（1 nm＝1×10^{-9} m 以下の世界）をミクロ（微視的）な系という。マクロな系ではニュートンの古典力学で運動が記述できる。しかし，ミクロな系では，ニュートンの力学は通用しない。それに代わって**量子力学**というもので運動が記述される。ただし，量子力学という

1

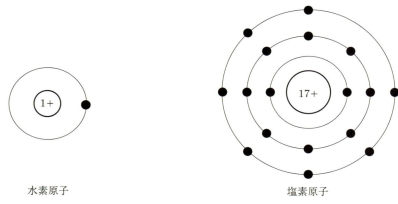

水素原子　　　　　　　　　　　　　　塩素原子

図 1.1　原子の構造の概念図

学問はきわめて敷居が高い。そこで，本書では，本格的な量子力学の計算方法については触れずに，その結果だけを使って議論を進める。なお，第 3 章において，量子力学について簡単な解説を行う。

　量子力学の計算によると，水素原子は図 1.3 のように図示される。電子の位置は太陽のまわりを公転する惑星のように時間の関数として与えられることはなく，確率分布でしか与えられない。このような考え方はマクロな世界に住む我々にとっては，なかなか受け入れがたいものである。しかし，これがミクロの世界における常識であり，これを認めることによってのみ，電子や原子のさまざまな振る舞いが理解されるのである。

　高等学校の化学では，水素原子は，単独で存在することはできず，必ず他の原子と結びついた分子の状態（たとえば H_2 とか H_2O）で存在すると習ったかもしれない。確かに水素原子は反応性が高く，常温常圧下で長時間原子のままの状態で保存することはできない。しかし，宇宙空間のような非常に希薄な条件下では，何年あるいは何万年という桁で原子のまま存在し続ける。また，地球上でも真空容器の中に水素分子を封じ込め，放電をすれば簡単に水素原子を作ることができる。この場合，通常はマイクロ秒からミリ秒の時間で再び水素分子に戻るが，存在できることに変わりはない。次節以降，「水素原子に光を照射する」とか「水素原子から電子

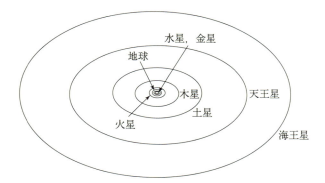

図 1.2　太陽系の惑星の軌道

1.1 原子核をとりまく電子　　　　　　　　　　　　　　　　　　　　　　　　　　　　　3

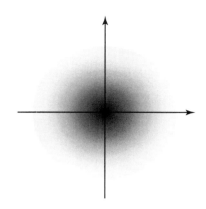

図 1.3 水素原子の電子の分布（中心部で電子が見いだされる確率が高く，周辺部で低い）

を取り去る」といった表現が登場するが，これは，「分子中の水素原子」という意味ではなく，「空間中に自由に存在する水素原子」という意味である。水素原子と同様に，酸素原子や窒素原子も他に反応する相手がいなければ長時間原子のままで存在し続けることができる。

　図 1.3 に示した水素原子の電子の分布は，地球の大気の様子に似たところがある。地表では，大気の圧力は 1.0×10^5 Pa（1.0 気圧）である。それが，ジェット機が飛ぶ成層圏では 10^4 Pa の桁に，宇宙ステーションのある地上 4×10^5 m では 10^{-5} Pa の桁となる。これは，低い圧力には違いないが，星間空間に比べれば，まだ高い圧力である。つまり，地球の大気がどこまで存在するかということは正確にはいえないのである。しかし，便宜上，我々は大気圏内，大気圏外といった表現を使う。原子核をとりまく電子にも同じようなことがいえる。水素原子の場合，単位体積中に電子が見いだされる確率は原子核に近いほど高く，遠ざかるほど低くなるが，どこまでいったらゼロになるかということはいえない。しかし，水素分子の 2 つの原子核の間の距離が 7×10^{-11} m であることから，「水素原子の大きさは 7×10^{-11} m である」というようないい方をする。また，酸素分子における原子核間距離が 1.2×10^{-10} m であることから，「酸素原子の方が水素原子よりも大きい」という表現も可能である。

　原子核は原子に比べるとはるかに小さいが，原子の質量の大半は原子核に集中している。これは，1911 年にラザフォードが，薄い金箔にアルファ粒子（ヘリウム原子の原子核）を当てるというガイガーとマースデンの実験結果を解析して見いだしたものである。もちろん，金原子の大きさは水素原子よりも大きいし，原子核の大きさも元素ごとに異なる。しかし，その比はほぼ一定で 10^4 の桁である。よく引き合いに出される例が 1 円玉と野球場の比較である。ちなみに，図 1.2 にある太陽の直径と海王星の公転の軌道直径の比も桁は同じであるから，その意味では原子と太陽系の比較はそれほど的外れではないのかもしれない。

　原子核の大きさが 10^{-15} から 10^{-14} m の桁であるとすると，電子の大きさはどのくらいなのだろうか。実は，電子が直径 6×10^{-15} m の粒子であると考えられた時代もあった。しかし，現在では，電子の大きさはこれよりもはるかに小さいと考え

られている。この領域になると、「大きさ」とは何かという、より根源的な問いに
まず答えなければならない。

例題 1.1

太陽系の場合、太陽と惑星を結びつける力は重力である。原子の場合、原子核と
電子を結びつける力は何と考えられるか。

解答

静電気力（クーロン力）

（正の電荷と負の電荷の間には引力が働き、力の大きさは電荷の積に比例し、距離
の2乗に反比例する。）

例題 1.2

地球の大気と原子核をとりまく電子とは似た部分もあるが、異なる部分もある。
どのような部分が似ていて、どのような部分が異なるか。

解答

似ている部分：どこまで存在するか（見いだされるか）はっきりとした境界がな
い。

異なる部分：地球大気の厚さは地球の半径に比べてきわめて薄いが、電子の存在
する領域は原子核の大きさに比べて非常に大きい。地球大気はさらにミクロに見れ
ば、原子や分子に分割されるが、電子はこれ以上分割することはできない。地球大
気には、局所的な乱れ（粗密）があるが、電子の分布にはない。

（図 1.3 のような電子の分布を表現するのに**電子雲**という言葉が使われることがあ
る。電子が剛体球でないことを表現するのには都合のよい言葉であるが、もちろん
電子が雲状の物質であるという意味ではない。）

例題 1.3

金の原子核を質量 3.3×10^{-25} kg、直径 1.4×10^{-14} m の球として、その密度を求め
よ。これは、金の密度（19.3 g cm^{-3}）の何倍にあたるか。

解答

2.3×10^{17} kg m^{-3}

1.2×10^{13} 倍

（ここで、原子核の質量と直径が2桁でしか与えられていないので、答えも2桁で
解答しなければならない。たとえば、2.30×10^{17} kg m^{-3} とか、2.297×10^{17} kg m^{-3}
と答えてはいけない。詳しくは、巻末の付録参照。）

1.2 原子論と分子論

物質が分子や原子から成り立っていることは、現在では常識である。水は細かく
分割していけば、いずれこれ以上分割したら水ではなくなる**分子**（複数の原子が結
合した、もしくは原子が結合をせずに単独で安定に存在している粒子）という状態
になる。水分子は1個の酸素原子と2個の水素原子から成り立っている。すなわ
ち、分子をさらに分割すれば、原子になる。原子はさらに電子と原子核に、原子核

1.2 原子論と分子論

は**陽子**（原子核中に存在する正の電荷をもつ粒子。電荷の絶対値は電子のものに等しく，1.602×10^{-19} C であるが，質量は 1.673×10^{-27} kg で電子の 1836 倍ある。**原子番号**は原子核中の陽子の数で定義される。**プロトン**と呼ばれることも多い。）と**中性子**（原子核中に存在する電荷をもたない粒子。質量は 1.675×10^{-27} kg で陽子の質量よりわずかに大きい。）に分割できる。陽子や中性子はさらにクォークに分割できるが，ここまでくると「物理」の領域となり「化学」の領域ではなくなる。本節では，なぜ，物質が原子や分子から成り立っているということがわかったのかについて考えてみる。

現在では，走査型トンネル顕微鏡というものを使って個々の原子を観ることができる（図 1.4）。ここで「観る」として「見る（視る）」としなかったのは，視覚で見えるわけではないからである。現在でも原子 1 個を「見る」ことはできない。なぜ，見えないかというと，それは，光が波の性質をもち，原子が光の波の長さ（波長）よりも小さいからである。光の波長よりも小さいものに対して，光によって場所や大きさを特定することはできない。ところで，このような原子の観測が可能になったのは，1980 年代以降のことである。一方，人類ははるか昔から原子や分子の存在を間接的な証拠をもとに予測してきた。いったい，どのような根拠に基づいてそのような結論を出していたのであろうか。まずは，原子や分子の実在性をめぐる論争の歴史をおさらいしてみよう。

原子論は古代ギリシャでも論じられた。その中でもデモクリトス（紀元前 400 年ころ）は有名である。彼は，原子（ατομος）は不生・不滅で分割不可能な物質単位であり，形や大きさの異なる原子の組合せで，感覚でとらえられる物質の性質が説明されると考えた。しかし，これらの議論は形而上学（現象を超越し，その背後にあるものの本質を純粋思惟的に，あるいは直感により探求する学問）的なものであって，実験によって裏打ちされたものではなかった。

図 1.4 走査型トンネル顕微鏡により撮影した結晶シリコン表面の原子像。輝点がシリコン原子に対応。原子核間距離は 0.24 nm（北陸先端科学技術大学院大学富取正彦教授提供）。

1774年，ラボアジェは，密閉容器内でスズの酸化反応（$Sn + O_2 \rightarrow SnO_2$）を行い，生成物が外に逃げない条件であれば，反応の前後で質量は変化しないことを発見した。彼は，これを**質量保存の法則**と命名し，「化学反応の前と後では元素同士の結びつき方が違うだけで，反応に関わる元素全体の種類と数は変わらない」という認識を広め，「元素とは，それ以上分解できないもの」という新たな概念を提唱した。また，金属だけでなく，リンや硫黄でも酸化反応の前後で質量が変わらないことを示し，従来のフロギストン説を否定した。ただし，この時点では，まだ**元素**（物質を構成する基本成分）と**原子**（物質を構成する基本粒子）の区別はされていなかった。

ここで，フロギストン説というものが出てきたが，これは，燃焼現象を「フロギストン（燃素）というものが空気によって運び去られること」と考えるもので，現在では否定されている。紙や木などの有機化合物を主成分とする物質が燃えれば，炎を上げて灰と熱になるわけで，現代でも，これだけを考えれば，むしろ理解しやすい説である。しかし，フロギストン説では，金属が酸化される際，酸化物のほうが反応前の金属よりも質量が大きいことの説明ができない。当時，これを説明するために，フロギストンは時に負の質量をもつという理論も登場した。

ラボアジェの考えはプルースト，そしてドルトンに引き継がれる。1799年プルーストは，「1つの化合物の中の元素の質量比は常に一定となる」という**定比例の法則**を発見した。たとえば，酸化銅(II) CuO の場合，銅と酸素の質量比は常に3.97：1.00となる。現代の原子の概念をもってすれば，当然のことであるが，**化合物**（2種類以上の元素が一定の割合で結びついている純物質）や**単体**（1種類の元素からできている純物質）と**混合物**（複数の純物質が混ざり合っている物質。濾過，蒸留などの物理的手法により分離が可能）の区別がはっきりしなかった当時としては，画期的な発見であった。

1803年，ドルトンはメタンとエテン（慣用名エチレン）を分析すると，一定量の炭素と化合している水素が，メタンではエテンの2倍であることを見いだし，「同じ成分元素からなる化合物が2種類以上あるとき，ある着目した元素一定質量と化合する他の元素の質量比は，簡単な整数比になる」という**倍数比例の法則**を導いた。具体的にいえば，同じ質量のCに対して，メタン中のHの質量：エテン中のHの質量＝2：1となっている。これは，メタンとエテンの分子式がそれぞれ CH_4 と C_2H_4 であるとすれば，容易に理解される。

1808年，ゲーリュサックは「気体分子同士の反応では，関与する気体の体積比は同温，同圧条件下では簡単な整数比になる」という**気体反応の法則**を発見する。たとえば，一酸化炭素と酸素を反応させて二酸化炭素を生成させると，同温，同圧条件下では，これらの気体の体積比は2：1：2の整数比となる。これは，分子の概念と「どんな気体でも，同温，同圧条件下では同体積中に同数の分子を含む」という**アボガドロの法則**（1811年）を用いれば簡単に説明することができる。上記の例の場合，化学反応式は

$$2\,CO + O_2 \rightarrow 2\,CO_2 \tag{1.1}$$

となり，（分子数の比）＝（体積の比）＝2：1：2となる。しかし，当時，ドルトン

1.2 原子論と分子論 7

は，このゲーリュサックの説を認めなかった。それは，この時代にはまだ，原子と分子の区別ができておらず，ドルトンは単体の気体は原子から成り立つと考えていたからである。たとえば，水素と酸素から水蒸気ができる反応をドルトンは

$$H + O \rightarrow HO \tag{1.2}$$

と考えた。ここで，アボガドロの法則を認めると，水素：酸素：水蒸気の体積比は1：1：1にならなければならない。一方，実験では

$$2\,H_2 + O_2 \rightarrow 2\,H_2O \tag{1.3}$$

と示されるように，2：1：2となる。両者の矛盾を解決したのがアボガドロで，彼は，分子という概念をもち込み，水素ガスや酸素ガスが2個の原子からなる分子から構成されると考えれば，すべての矛盾が取り除かれることを示した。その後も論争は続いたが，1860年のカールスルーエの会議において，原子や分子の存在が公に認められるようになった。ただし，科学者の中には，マッハのように20世紀初頭まで原子や分子の存在の根拠は不十分とする実証主義者もいた。分子の存在を決定的にしたのは，アインシュタインらによるブラウン運動（液体中に浮遊する花粉の破片などの微粒子が不規則に動く現象）の解明であった。

例題 1.4

スズ118.7 gと酸素32 gが過不足なく反応して酸化スズとなった。生成した酸化スズの質量はいくらか。

解答

151 g（150.7 gと答えてはいけない。巻末の付録参照。）

例題 1.5

化合物，単体，混合物の具体例をあげよ。

解答（例）

化合物：二酸化炭素，水，グルコース（ブドウ糖）

単体：酸素，水銀，ダイヤモンド

混合物：空気，食塩水，ステンレス鋼

例題 1.6

一酸化二窒素，一酸化窒素，二酸化窒素について，一定質量の窒素と化合する酸素の質量の比を求めよ。

ヒント

窒素酸化物の分子式は N_2O，NO，NO_2

例題 1.7

エチン（慣用名アセチレン，C_2H_2）が酸素と過不足なく反応し，二酸化炭素と水蒸気になった。反応前後の温度と圧力を等しくした場合，気体反応の法則とアボガドロの法則が成り立つとすれば，体積は何倍になるか。

ヒント

化学反応式は $2\,C_2H_2 + 5\,O_2 \rightarrow 4\,CO_2 + 2\,H_2O$

1.3　物質量

　ドルトンは，同種類の原子の質量は一定であるとした。しかし，その絶対値はわからなかった。そこで，水素原子1個の質量を1として，他の原子の相対的な質量を表すことを考えた。これが**原子量**の概念である。その後，酸素の方が多くの元素と化合物を作るという理由で，酸素が原子量の基準として選ばれた。この場合，他の元素の原子量が整数値に近くなるように，酸素の相対質量は16とされた。さらに1961年には，同位体（2.5節参照）分離の容易さから陽子を6個，中性子を6個含む炭素12（^{12}C）の相対質量を12と定め，これを原子量の基準とするように変更された。また，正確に12gの炭素12の中に存在する原子数と同数の粒子で構成された物質の量を1 molと定義して**物質量**の単位とし，単位物質量（1 mol）あたりに含まれる粒子の数を**アボガドロ定数**とした。しかし，2019年に1 kgの定義がキログラム原器を用いたものからプランク定数（3.1節参照）を用いたものに変更されたことに伴い，アボガドロ定数は先験的に $6.02214076 \times 10^{23}\,\text{mol}^{-1}$ と定義されるようになった。すなわち，現在では正確に $6.02214076 \times 10^{23}$ 個の集団を1 molと定義する。そのため，単位物質量（1 mol）の ^{12}C 原子の質量は正確な12gではなくなった。しかし，きわめて精度の高い議論をするのでない限り，2019年以前とそれ以降の定義の違いが顕著となることはない。なお，1 molの定義が変更になった現在でも，「^{12}C 原子の質量を12とした各原子の相対質量（同位体が存在する場合には，存在比を加味した加重平均）」という原子量の定義に変更はない。

　^{12}C 原子の質量を12として，分子の相対的な質量を表したものが**分子量**である。当然，分子量はその分子を構成する原子の原子量の和と一致する。また，単位物質量（1 mol）あたりの質量を**モル質量**と呼ぶ。一般に，原子量の測定精度は4〜5桁程度であるため，モル質量を $\text{g}\,\text{mol}^{-1}$ 単位で表した場合，モル質量と無次元量である原子量や分子量の数値は一致すると思ってよい。たとえば，分子量28.01の窒素分子のモル質量は $28.01\,\text{g}\,\text{mol}^{-1}$ である。なお，molという単位は，原子や分子以外にも電子や陽子などにも使われる。

アボガドロ定数の決定

　過去には，アボガドロ定数は実験によって求められる物理定数であった。1866年，ロシュミットはアボガドロ定数を気体の粘性と，その気体を液化させたときの体積から $2 \times 10^{22}\,\text{mol}^{-1}$ と求めた。結果の精度は低かったが，具体的な原子や分子の質量の情報が得られるようになった意義は大きかった。その後，より正確な決定は，原子の間隔がわかっている結晶の密度から行われた。現在では，アボガドロ定数は厳密に

六千二十二垓一千四百七京六千兆 mol^{-1}

と定義されている。

例題 1.8

　^{12}C 1.0 molの質量はいくらか。20.0 molの質量はいくらか。

解答

1.0 molの質量：12 g

20.0 molの質量：$2.40 \times 10^2\,\text{g}$

（20.0 molの質量は，有効数字が3桁であることを明確にするため $2.40 \times 10^2\,\text{g}$ としたが，簡便に240 gと記述される場合もある。）

1.4 原子における電子の軌道　　　　　　　　　　　　　　　　　　　　　　　　　　　　　　9

例題 1.9

1.00 A の電流を流して硝酸銀水溶液を 60.0 分間電気分解したところ 4.03 g の銀が析出した。銀イオン 1 個がもつ電荷を 1.60×10^{-19} C として，銀原子のモル質量を求めよ。流れた電流はすべて銀原子の析出に使われたものとする。

解答

108 g mol^{-1}

1.4　原子における電子の軌道

再び図 1.3 の水素原子の電子の分布に戻ろう。詳しい説明はしなかったが，図 1.3 で示されるような水素原子は，もっとも**エネルギー**の低い状態に対応している。これを**基底状態**と呼ぶ。基底状態の水素原子に特定の波長（具体的には 1.216×10^{-7} m = 121.6 nm）の光を当てると，ある確率でその光を吸収して電子の分布（電子雲の形）が図 1.3 の球対称なものから，図 1.5 のような亜鈴型（串団子型）に変わる。すなわち，光を吸収することで，エネルギーの低い状態にあった水素原子がエネルギーの高い状態（これを**励起状態**と呼ぶ）に変わると同時に電子の**軌道**の形も変化する。この現象を，「基底状態の原子が励起状態に遷移した」とか「電子が基底状態の軌道から励起状態の軌道へ乗り移った」というように表現する。

基底状態の水素原子に波長 1.216×10^{-7} m の光を当てると，図 1.5 のような亜鈴型の励起状態となる。では，励起状態はこれ 1 つだけであろうか。実はそうではない。基底状態は 1 つしかないが，励起状態は多種類存在する。電子分布が球対称の励起状態もあれば，亜鈴型よりもっと複雑な形をした励起状態もある。また，励起状態を作る方法は，何も光を当てるだけではない。電子線を当てても生成させることができる。しかし，どのような生成法によろうとも，それぞれの励起状態は固有のエネルギーと固有の電子分布を有している。

励起状態が複数ある場合，それぞれに名前がないと不便である。そこで，水素原子においては，図 1.5 の状態を 2 p 状態，軌道を 2 p 軌道と呼ぶ。基底状態は 1 s 状態，基底状態の軌道は 1 s 軌道と呼ばれる。s や p には，もともとは sharp,

> 水素原子は 1.216×10^{-7} m の光（この領域の光は，空気中の酸素によって吸収されるため真空紫外光と呼ばれる）を吸収して第一励起状態となるが，元素が変われば波長も変わる。気体状態のリチウム原子は 6.708×10^{-7} m の光（赤色）を，ナトリウム原子は 5.890×10^{-7} m の光（黄色）を吸収して第一励起状態に遷移する。

> 「電子の分布（電子雲の形）」は 3.4 節で登場する波動関数の絶対値の 2 乗で与えられる。一方，「軌道の形」は波動関数そのものに対応するので，両者は同じではない。ただし，その対称性は同じに保たれる。たとえば，軌道の形が球対称であれば，電子の分布も球対称となる。

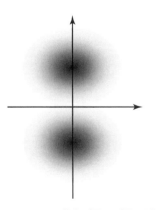

図 1.5　励起状態の水素原子の電子の分布（電子が見いだされる確率の高い部分が 2 か所に分散し，原子核周辺で確率が低い）

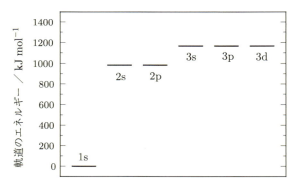

図 1.6 水素原子の軌道エネルギー（1s 軌道を基準とする）

principle などの語源的意味があったのであるが，現在ではこれらの意味は失われて単なる記号として使われている。2p 状態以外にも，2s 状態，3s 状態，3p 状態，3d 状態，4s 状態，4p 状態，4d 状態，4f 状態といった励起状態が存在する。s や p の前にある数値のことを**主量子数**といい，n で表す。状態（軌道）のエネルギーは，水素原子の場合には，ほとんどこの主量子数だけで決まり，主量子数が大きいほど大きい。すなわち，2s 状態と 2p 状態のエネルギーはほぼ等しく，1s 状態よりも大きく，3s 状態や 3p 状態，3d 状態よりも小さい。ちなみに，1p 状態とか 2d 状態，3f 状態というものは存在しない。また，主量子数が 1 の軌道を **K 殻**，2 の軌道を **L 殻**，3 の軌道を **M 殻**，4 の軌道を **N 殻** と呼ぶ。図 1.6 に，水素原子の軌道エネルギーを示す。

電子の分布が球対称の場合，軌道は 1 種類しかない。しかし，図 1.5 のような亜鈴型の場合には，図の縦軸を x 軸にとるか，y 軸にとるか，z 軸にとるかで 3 種類が存在してよい。それぞれを，$2p_x$ 軌道，$2p_y$ 軌道，$2p_z$ 軌道と命名する。3p 軌道も同様に，軌道の方向性のため 3 種類存在する。3d 軌道や 4d 軌道になると，これが軌道の形と方向性により 5 種類に分類される。また，4f 軌道は 7 種類に分類される。そして，それぞれの軌道に入りうる電子の数には上限がある。水素原子の場合，電子は 1 個しか存在しない。よって上限のことを気にする必要はない。しかし，ヘリウム以降の複数の電子をもつ原子では，この上限が問題となる。結論をいうと，1 つの軌道に入れる電子の数の上限は 2 個である。これを**パウリの排他原理**という。よって，1s 軌道や 2s 軌道には電子は 2 個まで入れる。2p 軌道になると，$2p_x$ 軌道，$2p_y$ 軌道，$2p_z$ 軌道，それぞれに 2 個ずつ入れるので，全体としては 6 個まで入れる。同様にして，3p 軌道には 6 個，3d 軌道や 4d 軌道では 10 個，4f 軌道では 14 個まで電子が入れる。ここで，水素以外の原子の話が出てきたが，水素以外の原子でも，電子の軌道が存在することに変わりはない。ただし，水素原子の 1s 軌道とヘリウム原子の 1s 軌道では，大きさもエネルギーも異なる。しかし，軌道の対称性は原子の種類によらず同じであるため，便宜上同じ記号を用いる。2p 軌道や 3d 軌道についても事情は同じである。

以上の議論をもとに，基底状態の原子の電子配置を考えてみよう。水素原子では，電子は 1 個しかなく，それが 1s 軌道に入る。これを $1s^1$ と記述する。ヘリウ

1.4 原子における電子の軌道

ム原子では2個の電子が1s軌道に入る。これを$1s^2$と記述する。リチウム原子になると1s軌道は満席となるので、3番目の電子はエネルギーの高い2s軌道に入らざるをえない。これを$1s^2 2s^1$と記述する。以下同様に、空席を作らないようにエネルギーの低い軌道から順に電子を入れていく。軌道のエネルギーの順番は一般に以下のルールで求めることができる。まず、新たな量子数 l (**方位量子数**) を導入する。l の値は s, p, d, f 軌道に対応して、0, 1, 2, 3 をとる。次に、主量子数と方位量子数の和 $n+l$ を計算する。水素原子では、エネルギーは n だけでほぼ決まるが、複数の電子を有する多電子原子では、電子間の相互作用のためエネルギーは l にも依存し、この n と l の和が小さい軌道の方がエネルギーが小さい。また、$n+l$ の値が等しい場合、たとえば2p軌道と3s軌道や3d軌道と4p軌道と5s軌道の場合は、主量子数 n が小さい方がエネルギーは小さい。この理由は、n が小さい場合に電子の分布が原子核の近くに偏り、原子核からより強い引力を受けるからである。また、n が同じで l が異なる場合も事情は同様で、l が小さいほど電子の分布が原子核の近くに偏るためエネルギーは小さくなる。ただし、電子の分布は確率でしか与えられないので、これは、$n(l)$ の大きな電子が、必ず $n(l)$ の小さな電子より外側に存在するということではない。以上のルールに従うと、ベリリウム原子での電子配置は $1s^2 2s^2$、ホウ素原子では $1s^2 2s^2 2p^1$、ナトリウム原子では $1s^2 2s^2 2p^6 3s^1$ と予想される。ただし、これらのルールには例外も多い。たとえば、原子番号24のCrや29のCuでは、$n+l$ が4である4s軌道に空席があるにもかかわらず、$n+l$ が5である3d軌道に電子が入る。これは、3d軌道では、電子が半分充足された $3d^5$ とか、すべてが充足された $3d^{10}$ といった状態が特に安定であるためである。図1.7にナトリウムの軌道エネルギーを示すが、ここにあるように、4d軌道より上の軌道のエネルギーはきわめて近接する。そのため、電子数の多い原子では、一般則が成り立ちにくくなる。

なお、原子番号の大きな元素の電子配置をいちいち1s軌道から書いていくのは面倒である。そこで、たとえばホウ素であれば、[He]$2s^2 2p^1$、ナトリウムであれば [Ne]$3s^1$ といった具合に**内殻電子**の配置を略記することも多い。表1.1に水素から原子番号118のオガネソンまでの基底状態の電子配置をまとめる。

図1.6や1.7で特徴的なことは、エネルギーがとびとびの値をとっていることで

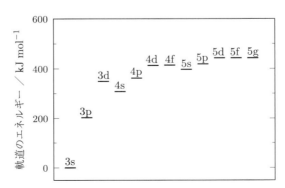

図 1.7 ナトリウム原子の軌道エネルギー (3s軌道を基準とする)

表 1.1 基底状態の原子の電子配置

原子番号	元素記号	電子配置	原子番号	元素記号	電子配置	原子番号	元素記号	電子配置
1	H	$1s^1$	41	Nb	$[Kr]4d^45s^1$	81	Tl	$[Xe]4f^{14}5d^{10}6s^26p^1$
2	He	$1s^2$	42	Mo	$[Kr]4d^55s^1$	82	Pb	$[Xe]4f^{14}5d^{10}6s^26p^2$
3	Li	$[He]2s^1$	43	Tc	$[Kr]4d^55s^2$	83	Bi	$[Xe]4f^{14}5d^{10}6s^26p^3$
4	Be	$[He]2s^2$	44	Ru	$[Kr]4d^75s^1$	84	Po	$[Xe]4f^{14}5d^{10}6s^26p^4$
5	B	$[He]2s^22p^1$	45	Rh	$[Kr]4d^85s^1$	85	At	$[Xe]4f^{14}5d^{10}6s^26p^5$
6	C	$[He]2s^22p^2$	46	Pd	$[Kr]4d^{10}$	86	Rn	$[Xe]4f^{14}5d^{10}6s^26p^6$
7	N	$[He]2s^22p^3$	47	Ag	$[Kr]4d^{10}5s^1$	87	Fr	$[Rn]7s^1$
8	O	$[He]2s^22p^4$	48	Cd	$[Kr]4d^{10}5s^2$	88	Ra	$[Rn]7s^2$
9	F	$[He]2s^22p^5$	49	In	$[Kr]4d^{10}5s^25p^1$	89	Ac	$[Rn]6d^17s^2$
10	Ne	$[He]2s^22p^6$	50	Sn	$[Kr]4d^{10}5s^25p^2$	90	Th	$[Rn]6d^27s^2$
11	Na	$[Ne]3s^1$	51	Sb	$[Kr]4d^{10}5s^25p^3$	91	Pa	$[Rn]5f^26d^17s^2$
12	Mg	$[Ne]3s^2$	52	Te	$[Kr]4d^{10}5s^25p^4$	92	U	$[Rn]5f^36d^17s^2$
13	Al	$[Ne]3s^23p^1$	53	I	$[Kr]4d^{10}5s^25p^5$	93	Np	$[Rn]5f^46d^17s^2$
14	Si	$[Ne]3s^23p^2$	54	Xe	$[Kr]4d^{10}5s^25p^6$	94	Pu	$[Rn]5f^67s^2$
15	P	$[Ne]3s^23p^3$	55	Cs	$[Xe]6s^1$	95	Am	$[Rn]5f^77s^2$
16	S	$[Ne]3s^23p^4$	56	Ba	$[Xe]6s^2$	96	Cm	$[Rn]5f^76d^17s^2$
17	Cl	$[Ne]3s^23p^5$	57	La	$[Xe]5d^16s^2$	97	Bk	$[Rn]5f^97s^2$
18	Ar	$[Ne]3s^23p^6$	58	Ce	$[Xe]4f^15d^16s^2$	98	Cf	$[Rn]5f^{10}7s^2$
19	K	$[Ar]4s^1$	59	Pr	$[Xe]4f^36s^2$	99	Es	$[Rn]5f^{11}7s^2$
20	Ca	$[Ar]4s^2$	60	Nd	$[Xe]4f^46s^2$	100	Fm	$[Rn]5f^{12}7s^2$
21	Sc	$[Ar]3d^14s^2$	61	Pm	$[Xe]4f^56s^2$	101	Md	$[Rn]5f^{13}7s^2$
22	Ti	$[Ar]3d^24s^2$	62	Sm	$[Xe]4f^66s^2$	102	No	$[Rn]5f^{14}7s^2$
23	V	$[Ar]3d^34s^2$	63	Eu	$[Xe]4f^76s^2$	103	Lr	$[Rn]5f^{14}6d^17s^2$
24	Cr	$[Ar]3d^54s^1$	64	Gd	$[Xe]4f^75d^16s^2$	104	Rf	$[Rn]5f^{14}6d^27s^2$
25	Mn	$[Ar]3d^54s^2$	65	Tb	$[Xe]4f^96s^2$	105	Db	$[Rn]5f^{14}6d^37s^2$
26	Fe	$[Ar]3d^64s^2$	66	Dy	$[Xe]4f^{10}6s^2$	106	Sg	$[Rn]5f^{14}6d^47s^2$
27	Co	$[Ar]3d^74s^2$	67	Ho	$[Xe]4f^{11}6s^2$	107	Bh	$[Rn]5f^{14}6d^57s^2$
28	Ni	$[Ar]3d^84s^2$	68	Er	$[Xe]4f^{12}6s^2$	108	Hs	$[Rn]5f^{14}6d^67s^2$
29	Cu	$[Ar]3d^{10}4s^1$	69	Tm	$[Xe]4f^{13}6s^2$	109	Mt	$[Rn]5f^{14}6d^77s^2$
30	Zn	$[Ar]3d^{10}4s^2$	70	Yb	$[Xe]4f^{14}6s^2$	110	Ds	$[Rn]5f^{14}6d^97s^1$
31	Ga	$[Ar]3d^{10}4s^24p^1$	71	Lu	$[Xe]4f^{14}5d^16s^2$	111	Rg	$[Rn]5f^{14}6d^{10}7s^1$
32	Ge	$[Ar]3d^{10}4s^24p^2$	72	Hf	$[Xe]4f^{14}5d^26s^2$	112	Cn	$[Rn]5f^{14}6d^{10}7s^2$
33	As	$[Ar]3d^{10}4s^24p^3$	73	Ta	$[Xe]4f^{14}5d^36s^2$	113	Nh	$[Rn]5f^{14}6d^{10}7s^27p^1$
34	Se	$[Ar]3d^{10}4s^24p^4$	74	W	$[Xe]4f^{14}5d^46s^2$	114	Fl	$[Rn]5f^{14}6d^{10}7s^27p^2$
35	Br	$[Ar]3d^{10}4s^24p^5$	75	Re	$[Xe]4f^{14}5d^56s^2$	115	Mc	$[Rn]5f^{14}6d^{10}7s^27p^3$
36	Kr	$[Ar]3d^{10}4s^24p^6$	76	Os	$[Xe]4f^{14}5d^66s^2$	116	Lv	$[Rn]5f^{14}6d^{10}7s^27p^4$
37	Rb	$[Kr]5s^1$	77	Ir	$[Xe]4f^{14}5d^76s^2$	117	Ts	$[Rn]5f^{14}6d^{10}7s^27p^5$
38	Sr	$[Kr]5s^2$	78	Pt	$[Xe]4f^{14}5d^96s^1$	118	Og	$[Rn]5f^{14}6d^{10}7s^27p^6$
39	Y	$[Kr]4d^15s^2$	79	Au	$[Xe]4f^{14}5d^{10}6s^1$			
40	Zr	$[Kr]4d^25s^2$	80	Hg	$[Xe]4f^{14}5d^{10}6s^2$			

デジタルとアナログ

デジタルという言葉をよく耳にすると思う。digital とは、日本語でいえば「計数式」であり、これに対する言葉が analog（計量式）である。デジタル式では、電流や電圧といった物理量はすべて数値化され、不連続量として計測、制御されるのに対して、アナログ式では、物理量は連続量として扱われる。いわば、エネルギーをデジタル量として扱うのが、量子力学である。

ある。たとえば、水素原子では、1s 状態と 2s（2p）状態の中間のエネルギーの状態というものは存在しない。これを難しい言葉で「エネルギーが**量子化されている**」という。これは、量子力学のもっとも重要な帰結の1つである。実は、この量子化という概念は、高等学校の教科書にも出てくる炎色反応と関係している。金属を熱すると Na であれば黄色、Li であれば赤といった元素固有の色（固有の波長）の光が出てくる。炎色反応は、炎の中で生成した励起状態の金属原子が基底状態に遷移する際に固有の波長（固有のエネルギー）の光を出す現象といえる。Na から赤い光が出てこないのは、赤い光のエネルギーに対応する励起状態が存在しないからである。

最後に、ここまでの議論で基底状態の炭素原子の電子配置が $[\mathrm{He}]2\,\mathrm{s}^2 2\,\mathrm{p}^2$ であることは予測できるが、果たしてそれが、$[\mathrm{He}]2\,\mathrm{s}^2 2\,\mathrm{p}_x^2$ と $[\mathrm{He}]2\,\mathrm{s}^2 2\,\mathrm{p}_x^1\,\mathrm{p}_y^1$ のどちらなのかについて考えてみよう。ここで $[\mathrm{He}]2\,\mathrm{s}^2 2\,\mathrm{p}_x^2$ であるか $[\mathrm{He}]2\,\mathrm{s}^2 2\,\mathrm{p}_y^2$ であるかという議論には意味がない。なぜなら、座標軸の名前は人間が勝手につけたもので、x 軸や y 軸をどちらにとるかは任意だからである。$[\mathrm{He}]2\,\mathrm{s}^2 2\,\mathrm{p}_x^2$ と $[\mathrm{He}]2\,\mathrm{s}^2 2\,\mathrm{p}_x^1 2\,\mathrm{p}_y^1$ のどちらのエネルギーが低いかを考えてみる。そうすると、前者では電子が同じ軌道に入るため互いに近くに存在することになる。同じ符号の電荷が近くにあるわけであるから、互いに反発力が働く。すなわちエネルギー的に不安定になる。その点、後者は、2つの電子がやや離れるわけで、より安定となる。よって、電子は後者の入り方をする。この炭素原子のように、1つの軌道に電子が1個だけ入る場合、その電子を**不対電子**という。この不対電子の考え方は第4章以降で化学結合の議論をする際に重要となる。

例題 1.10

K，L，M，N 殻に入りうる電子数の上限を計算せよ。

解答

K 殻：1s 軌道のみであり、1s 軌道に2個であるから2個

L 殻：2s 軌道に2個，2p 軌道に6個で合計8個

M 殻：3s 軌道に2個，3p 軌道に6個，3d に軌道に10個で合計18個

N 殻：4s 軌道に2個，4p 軌道に6個，4d に軌道に10個，4f 軌道に14個で合計32個

（このように、電子数の上限は、主量子数を n とすると $2n^2$ で与えられる。一般的な導出については、例題3.9参照。）

例題 1.11

ナトリウム原子と塩素原子の電子配置を 1s 軌道から順に記せ。

解答

Na：$1\,\mathrm{s}^2 2\,\mathrm{s}^2 2\,\mathrm{p}^6 3\,\mathrm{s}^1$

Cl：$1\,\mathrm{s}^2 2\,\mathrm{s}^2 2\,\mathrm{p}^6 3\,\mathrm{s}^2 3\,\mathrm{p}^5$

14   1. 原子の構造と電子配置

例題1.12

　Cr と Cu 以外で，電子配置の一般則が成り立っていない例を表1.1の中から探せ。

解答（例）

　Nb，Mo ほか

例題1.13

　窒素原子の電子配置を $2p_x$，$2p_y$，$2p_z$ 軌道まで考慮に入れて記述せよ。基底状態の窒素原子には何個の不対電子が存在するか。

解答

　$[He]2s^2 2p_x{}^1 2p_y{}^1 2p_z{}^1$

　3 個

第1章演習問題

問題1.1

　酸化銅には酸化銅(II)CuO のほか，酸化銅(I)Cu_2O も存在する。酸化銅(II)では，銅と酸素の質量比は 3.97：1.00 である。酸化銅(I)では銅と酸素の質量比はいくらになるか。

問題1.2

　酸素原子のみからなる単体の気体 $4\,cm^3$ とメタン $3\,cm^3$ を混合して加熱したところ，過不足なく反応して，二酸化炭素と水が生成した。生成した二酸化炭素を分離して温度と圧力を始めの条件にもどして体積を測定したところ $3\,cm^3$ であった。この酸素原子からなる気体の分子式を求めよ。

問題1.3

　窒素と水素のみからできる化合物には，アンモニア NH_3 のほかにヒドラジン，アジ化水素というものがある。一定質量の窒素と化合する水素の質量の比はアンモニア：ヒドラジン：アジ化水素で 9：6：1 である。ヒドラジンとアジ化水素の分子式を推定せよ。

問題1.4

　水 $5.0\,g$ 中に水分子はいくつ存在するか。

問題1.5

　基底状態の酸素原子の電子配置を $2p_x$，$2p_y$，$2p_z$ 軌道まで考慮に入れて記述せよ。基底状態の酸素原子には何個の不対電子が存在するか。

2 元素の周期律と属性

第1章では，原子をとりまく電子の配置が，電子の数とともに周期的に変化することを学んだ。実は，電子（特に一番外側の電子殻の電子）の配置が元素の性格を決めるため，元素の性格にも周期性が現れる。第2章では，この周期性に着目する。

2.1 元素の周期律の発見

原子や分子の存在が公に認められたのは，1860年のカールスルーエの会議であるが，実は，それ以前にも原子量の測定例がある。アルファベットによる元素記号表記を始めたことで有名なベルセーリウスは，1826年には，酸素の原子量を100として30種程度の元素の原子量を決定していた。それらの値をもとに，ニューランズらは元素を原子量の順に並べるとその性質に周期性が現れることを見いだした。この周期性を**周期律**といい，これに従って元素を配列した表を**周期表**という。しかし，当時はまだ未発見の元素も多く，その周期性は限られたものであった。1869年，メンデレーエフとマイヤーは，独立に現在のものに近い周期表を完成させた。特に，メンデレーエフは，未発見の元素の部分を空欄とし，その性質を予言した。たとえば，原子量72付近の元素は当時知られていなかったが，これを「ケイ素の次の元素」という意味でエカケイ素と命名し，ケイ素に似た性質をもつはずだと予言した。そして，予言通りの元素（ゲルマニウム）が1885年に発見され，メンデレーエフの予言の正しさが立証された。表2.1に両者の性質の比較を掲げる。

表 2.1 エカケイ素とゲルマニウムの性質

	エカケイ素	ゲルマニウム
原子量	72	72.6
密度（$g\,cm^{-3}$）	5.5	5.32
比熱容量（$J\,K^{-1}\,g^{-1}$）	0.31	0.32
酸化物の密度（$g\,cm^{-3}$）	4.7	4.23
塩化物の密度（$g\,cm^{-3}$）	1.9	1.88
塩化物の沸点	$<100°C$	$84°C$

表 2.2 元素の周期表

	1	2	3	4	5	6	7	8	9	10	11	12	13	14	15	16	17	18
1	H																	He
2	Li	Be											B	C	N	O	F	Ne
3	Na	Mg											Al	Si	P	S	Cl	Ar
4	K	Ca	Sc	Ti	V	Cr	Mn	Fe	Co	Ni	Cu	Zn	Ga	Ge	As	Se	Br	Kr
5	Rb	Sr	Y	Zr	Nb	Mo	Tc	Ru	Rh	Pd	Ag	Cd	In	Sn	Sb	Te	I	Xe
6	Cs	Ba	Lanthanoid	Hf	Ta	W	Re	Os	Ir	Pt	Au	Hg	Tl	Pb	Bi	*Po*	*At*	*Rn*
7	*Fr*	*Ra*	Actinoid	*Rf*	*Db*	*Sg*	*Bh*	*Hs*	*Mt*	*Ds*	*Rg*	*Cn*	*Nh*	*Fl*	*Mc*	*Lv*	*Ts*	*Og*

Lanthanoid	La	Ce	Pr	Nd	*Pm*	Sm	Eu	Gd	Tb	Dy	Ho	Er	Tm	Yb	Lu
Actinoid	*Ac*	Th	Pa	U	*Np*	*Pu*	*Am*	*Cm*	*Bk*	*Cf*	*Es*	*Fm*	*Md*	*No*	*Lr*

太字：典型元素，細字：遷移元素，斜体：安定同位体（2.5 節参照）が存在せず，天然で特定の同位体組成を示さない元素

表 2.2 は現在使われている周期表である。1 族から 18 族までの元素があり，第 1 周期には 1 族の水素と 18 族のヘリウムしかない。第 2 周期と第 3 周期には，1 族，2 族と 13〜18 族の元素がある。3〜12 族が抜けているのは，第 4 周期以降で 3 d 軌道に電子が入る元素のことを考慮して空けてあるためである。第 4 周期からはいわゆる**遷移元素**（3〜12 族の元素）と呼ばれる元素が現れる。3 d 軌道と 4 s 軌道ではエネルギー差が小さく，もっとも外側の軌道である 4 s 軌道に入る電子の数は 1 個または 2 個であまり変動しない。そのため，遷移元素同士では性質が似る。遷移元素に対して，1 族，2 族および 13〜18 族の元素は**典型元素**と呼ばれる。第 6 周期では，4 f 軌道に電子が入り始める。そのため，Ce から Lu までの 14 元素は 1〜18 族までのいずれの族とも異なる電子配置をとる。また，主に，もっとも外側の軌道（6 s 軌道）から数えて 2 つ内側の軌道（4 f 軌道）の電子の数が変化するだけであるため，互いに化学的な性質が酷似する。また，これらの元素は同時に産出することが多く分離も難しい。La から Lu までの 15 元素を**ランタノイド**と呼ぶ。また，ランタノイドに Sc と Y を加えたものを希土類（レアアース）元素と呼ぶ。ランタノイドについては，右の欄外にその応用例を掲げる。

メンデレーエフやマイヤーの周期表は，有用性が認められると同時に，問題点も浮き彫りにした。それは，元素の化学的類似性を優先させると，原子量の順番を逆転させなければならない部分があることであった。メンデレーエフは，一部の元素の原子量の測定に誤りがあるのではないかと考えた。しかし，その後の測定によっても，逆転現象は解消されなかった。たとえば，現代の周期表でも Te と I や Ar と K などでは原子量が逆転している。この問題は 20 世紀に入り，安定同位体の存在が明らかにされるまでもち越された。同位体については，2.5 節で解説する。

12 族元素は典型元素に分類される場合もある。

ランタノイドは，いつも周期表の欄外に記されており，なにか盲腸のような印象を与えるかもしれない。確かにランタノイドは地殻中に存在する量は少ない。しかし，現在，工業的にはきわめて重要な元素となっている。たとえば，Nd や Sm は強力な磁石の原料として欠かせない。Ce や Eu は蛍光物質として白色発光ダイオードなどに広く利用されている。また，Nd は強力なレーザー（Nd^{3+}：YAG レーザーなど）にも利用される。

2.2 元素の性質と周期性 17

例題 2.1

メンデレーエフは，エカケイ素のほか，エカアルミニウムの存在や性質も予測しており，後日，彼の予測が正しかったことが証明されている。エカアルミニウムは現在の元素名で言えば，何に相当すると考えられるか。

解答

ガリウム

例題 2.2

以下の元素を典型元素と遷移元素に分類せよ。

B, N, Ne, Ti, Fe, Cu, Ga, Br, Sr, Mo, Sb, Pt

解答

典型元素：B, N, Ne, Ga, Br, Sr, Sb

遷移元素：Ti, Fe, Cu, Mo, Pt

2.2 元素の性質と周期性

表1.1を見ると，p軌道に6個の電子が入った段階で安定な貴ガス（希ガス）元素が現れることがわかる。また，Naなどのアルカリ金属元素ではs軌道に1個の電子が入っているし，Clなどのハロゲン元素では，s軌道に2個，p軌道に5個の電子が入っている。これから，もっとも外側の電子殻の電子（最外殻電子）の数が元素の性質を決めていることがわかる。これらの電子を**価電子**と呼ぶ。たとえば，アルカリ金属では価電子は1個であり，ハロゲンでは7個となる。貴ガスの最外殻電子は結合にほとんど関与しないので，貴ガスの価電子は0個とする。アルカリ金属やハロゲンの価電子の配置は以下のように記述することができる。

アルカリ金属：$n\mathrm{s}^1$

アルカリ土類金属：$n\mathrm{s}^2$

ハロゲン：$n\mathrm{s}^2 n\mathrm{p}^5$

アルカリ金属では価電子を放出して，+1価の**陽イオン**（カチオン）になりやすいという性質があり，一方，ハロゲンでは，電子を1個受容して−1価の**陰イオン**（アニオン）になろうとする傾向が強い。これは，これらの陽イオンや陰イオンの電子配置が貴ガスのものと同じになり，エネルギー的に安定となるからである。

塩化ナトリウムNaClを水に溶かせば，Na^+イオンとCl^-イオンに分かれる。では，Na^-やCl^+といったイオンは存在しないのだろうか。実は，水溶液中には存在しないが，気相中であればどちらも存在する。たとえばCl^+イオンは，塩素ガスCl_2を真空容器に入れ，電子線を照射すると生成する。もっとも，水素原子の場合と同様に長時間保存することはできない。気体状態にある電気的に中性な原子から電子を1個取り除き+1価のイオンにする際に必要なエネルギーを**イオン化エネルギー**（正確には第1イオン化エネルギー，+1価のイオンを+2価のイオンにするのに必要なエネルギーが第2イオン化エネルギー）という。アルカリ金属といえども，イオン化エネルギーはすべて正の値をとる（中性原子に比べて陽イオンと電子に分離された状態の方が不安定）。これに対して，中性原子に電子1個を与え，−1

表 2.3 電子親和力 (kJ mol^{-1})

Li	Be	B	C	N	O	F	Ne
60	<0	27	122	<0	141	328	<0
Na	Mg	Al	Si	P	S	Cl	Ar
53	<0	42	134	72	200	349	<0

価のイオンにする際に放出されるエネルギーを**電子親和力**という（厳密には「電子親和エネルギー」と呼ぶべきであるが，慣習上このように呼ばれる）。表2.3に示すように，電子親和力はハロゲンなどでは正の値である（中性原子に比べて電子と結合して陰イオンとなった状態の方が安定）が，貴ガスや窒素などでは負の値となる（陰イオンとなると不安定）。

図2.1に第1イオン化エネルギーを原子番号の関数として表す。同じ族で比較すると原子番号が大きいものほど小さくなる傾向がある。これは，主量子数が大きくなるほど，電子と原子核の距離が大きくなり，静電気力が小さくなることに対応する。また，同じ周期で比較すると，多少の逆転もあるが，原子番号とともにイオン化エネルギーは増大し，貴ガスで最大となる。これは，原子核の電荷が増えたことによる静電気力の増大のためである。なお，高等学校の教科書に出てきた**イオン化**

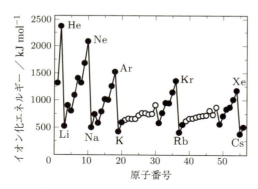

図 2.1 元素の第1イオン化エネルギーの原子番号依存．黒丸は典型元素，白丸は遷移元素

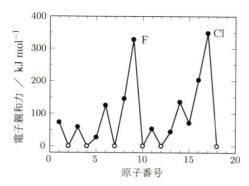

図 2.2 元素の電子親和力の原子番号依存（白丸は，電子親和力が負であることを示す）

2.2　元素の性質と周期性　　　　　　　　　　　　　　　　　　　　　　　　　　　　　　　　19

傾向は，水溶液中での金属元素の陽イオンへのなりやすさの指標であるが，一般に第1イオン化エネルギーの小さい元素ほどイオン化傾向は大きい。図2.2に電子親和力の原子番号依存を示す。ハロゲンで極端に大きくなっていることがわかる。

例題2.3

O^{2-}，Cl^-，Mg^{2+}，K^+ の電子配置を書け。

解答

O^{2-} : $[Ne] = [He]2s^22p^6$

Cl^- : $[Ar] = [Ne]3s^23p^6$

Mg^{2+} : $[Ne] = [He]2s^22p^6$

K^+ : $[Ar] = [Ne]3s^23p^6$

例題2.4

Al^{3+}，Cr^{3+}，Fe^{3+}，Se^{2-} の電子配置を書け。

解答

Al^{3+} : $[Ne] = [He]2s^22p^6$

Cr^{3+} : $[Ar]3d^3$

Fe^{3+} : $[Ar]3d^5$

Se^{2-} : $[Kr] = [Ar]3d^{10}4s^24p^6$

（Cr や Fe では4s軌道の方が3d軌道よりもエネルギーが高く，イオンになるときには，まず4s軌道から電子が失われる。）

例題2.5

同一元素の第1イオン化エネルギーと第2イオン化エネルギーではどちらが大きいか。

解答

第2イオン化エネルギーが大きい。第1イオン化では最外殻の電子を原子より引き離す。その際，原子核の電荷は他の電子により遮蔽されている。仮に遮蔽が完全であれば，陽子の電荷を$+e$とすると，電子は見かけ上$+e$の電荷で引きつけられていることになる。一方，第2イオン化では，遮蔽に関与する電子の数が1個少なくなり，見かけ上$+2e$の電荷で引きつけられていることになる。

例題2.6

同一周期の遷移元素のイオン化エネルギーはほぼ一定である。その理由を述べよ。

解答

第4周期の元素を例にとると，最外殻の電子はすべて4s軌道であり，イオン化に際しては，主にこの4s軌道の電子が外れる。そのため，イオン化エネルギーもほぼ同じ値となる。

例題 2.7

ハロゲン原子の電子親和力は大きい。では，F^- や Cl^- などハロゲン化物イオンの電子親和力も大きいであろうか。

解答

大きいどころか，負の値となる。理由は F^- や Cl^- は貴ガスと同じ電子配置であるため。

2.3 原子番号の決定（モーズリーの実験）

アボガドロの法則を認めれば，気体を構成する元素の原子量は比較的簡単に決定することができる。0°C，1.013×10^5 Pa（1.000 気圧）の気体は種類によらず，1.00 mol が 22.4 dm^3 の体積を占める。たとえば，この条件で 22.4 dm^3 の二酸化炭素の質量を測定して，それが 44 g であったとしよう。そうすると，CO_2 の分子量が 44 であることがわかる。炭素の原子量は 12 であるから，酸素の原子量は 16 とわかる。

原子量の決定が 19 世紀に行われたのに対して，**原子番号**の決定は 20 世紀までもち越された。メンデレーエフの時代，原子番号は単なる元素の順番を決めるだけの数値であった。ラザフォードは原子核のもつ正電荷の値は，電子の電荷を単位として，原子量のおよそ半分であることを見いだしていたが，それ以上の発展はなかった。1895 年にレントゲンにより発見された X 線は，高速の電子が物質にぶつかり急激に減速される際に発せられる連続 X 線と対象物質に特有な特性 X 線に分けられる。1913 年，モーズリーは，この特性 X 線の振動数（波長に反比例）の平方根と原子番号 Z の間に図 2.3 に示すような直線関係があることを見いだした。モーズリーは，ボーアの原子モデル（3.D 節参照）をもとに，特性 X 線とは，主量子数 1 の軌道の電子がはじき出され，そこへ主量子数 2 の軌道の電子が落ちてくる際に発せられる電磁波（電波，赤外線，可視光線，紫外線，X 線などをすべて含めて電磁波と呼ぶ）であると考えることで実験結果を説明した。そして，原子番号は電子の電荷を単位として表した原子核のもつ正電荷の量（すなわち，原子核中の陽子の数）であると結論した。また，特性 X 線の振動数の測定からも，Te と I や Ar と K などでは原子量が原子番号順となっていないことが再確認された。

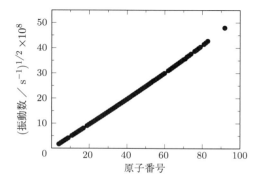

図 2.3 特性 X 線の振動数の平方根と原子番号の関係

例題 2.8

原子番号 25 の Mn の特性 X 線の振動数は $1.43×10^{18}\,s^{-1}$ である。原子番号 50 の Sn の特性 X 線の振動数はいくらと推定されるか。振動数の平方根と原子番号は比例するとして計算せよ。

解答

$5.72×10^{18}\,s^{-1}$（実測値は $6.07×10^{18}\,s^{-1}$ であり，この差は，図 2.3 に若干の切片が存在することに対応する。）

2.4 原子の大きさ

第 1 章で原子の大きさは $10^{-10}\,m$ の桁であると述べたが，もちろん，原子の大きさは元素ごとに異なる。また，一口に原子の大きさといっても，それをどう定義するかによっていろいろな値を取り得る。たとえば，基底状態の水素原子の場合，電子が見いだされる確率がもっとも高くなる原子核との距離は，$5.3×10^{-11}\,m$（これを**ボーア半径**と呼ぶ。電子が見いだされる単位体積あたりの確率は原子核周辺でもっとも高いが，原子核からの距離の関数として捉える場合には，これに球殻の表面積をかける必要があり，ボーア半径で見いだされる確率が最大となる。3.D 節参照。）である。しかし，理論上は電子は無限遠まで見いだされうる。

もっとも簡単な原子の大きさの見積もり法は，原子量と密度から計算する方法である。たとえば，ケイ素の原子量は 28.1 で，密度は $2.33\,g\,cm^{-3}$ である。これは，ケイ素原子 $1.00\,mol$（$6.02×10^{23}$ 個）が $12.1\,cm^3$ であることを意味する。仮に，ケイ素原子が立方体であるとすれば，一辺の長さは $2.72×10^{-8}\,cm$ となる。これが，Si 原子の大きさの 1 つの尺度といってよいであろう。しかし，この方法は，簡単に固体とならない窒素や水素に適用することが難しい。また，原子を立方体と仮定することにも無理がある。

次に，登場するのが**共有結合半径**である。共有結合については，第 4 章で詳述するが，少なくとも H_2 や N_2 のような同じ元素からなる 2 原子分子の結合は共有結合と思ってよい。そして，その原子核間距離の半分を共有結合半径と定義する。共有結合半径と原子番号の関係を図 2.4 に示す。同じ族では周期表の下へいくほど，同じ周期では左へいくほど共有結合半径が大きくなっていることがわかる。周期表

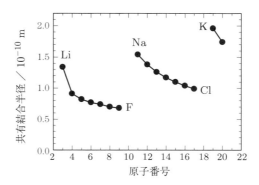

図 2.4 共有結合半径と原子番号の関係

表 2.4 イオン半径 (10^{-10} m)

Li^+	Be^{2+}	B^{3+}	C^{4+}	O^{2-}	F^-
0.90	0.59	0.41	0.30	1.26	1.19
Na^+	Mg^{2+}	Al^{3+}	Si^{4+}	S^{2-}	Cl^-
1.16	0.86	0.68	0.54	1.70	1.67
K^+	Ca^{2+}	Ga^{3+}	Ge^{4+}	Se^{2-}	Br^-
1.52	1.14	0.76	0.67	1.84	1.82
Rb^+	Sr^{2+}	In^{3+}	Sn^{4+}	Te^{2-}	I^-
1.66	1.32	0.94	0.83	2.07	2.06
Cs^+	Ba^{2+}				
1.81	1.49				

表 2.4 に示した値は配位数 6（7.3 節参照）のものである。

の下の原子ほど最外殻電子の主量子数は大きくなり，原子核からの平均距離が大きくなる。また，右へいくほど，原子核の電荷が大きくなり，電子が強く引きつけられ，原子自体は小さくなる。

　ここで，少し先走るが，Na 原子が共有結合をするのか，という疑問に答えておこう。結論からいうと，Na_2 という分子が存在することから，アルカリ金属原子同士も共有結合をする。金属ナトリウムを真空中で暖めると Na 原子が蒸気となって飛び出してくるが，その中に Na_2 分子も含まれる。Na_2 分子による光の吸収の波長などを仔細に調べると，原子核間距離が 3.08×10^{-10} m であることがわかる。共有結合半径はその半分である。なお，Be_2 という安定分子は存在しないが，Be の共有結合半径は水素化物における原子核間距離などから推定される。

　最後に，**イオン半径**について考えてみたい。実は，共有結合半径と違い，イオン半径は，実験だけから決めることは難しい。たとえば，塩化ナトリウムの結晶における Na の原子核と Cl の原子核の距離は X 線を使った実験で求めることができる。しかし，どこまでが Na^+ で，どこまでが Cl^- であるかはわからない。個々のイオンの半径を出すには理論計算の助けを借りるか，何か基準となるイオンの半径を先験的に仮定する必要がある。表 2.4 に O^{2-} のイオン半径を 1.26×10^{-10} m として求めた貴ガスと同じ電子配置をとるイオンの半径を示す。なお，イオン半径は，周囲に存在する他のイオンの数にも依存するので注意が必要である。

　表 2.4 に示したイオン半径は同じ族で比べれば原子番号の大きいものが大きい。これは最外殻電子の原子核からの平均距離が主量子数の増加とともに大きくなるためで，共有結合半径の場合と同じである。一方，同じ周期で比較すると両端で大きい。しかし，1 族と 17 族では，最外殻電子の主量子数が異なるため，これはあまり公平な比較とはいえない。そこで，同じ電子配置をもつもの，たとえば Ar と同じ電子配置となる S^{2-}，Cl^-，K^+，Ca^{2+} を比べてみる。この場合，明らかに，原子番号とともにイオン半径が減少する。これは，原子核の電荷の増加に伴い，電子を引きつける力が増大するためである。

18 族元素の原子半径は，分散相互作用（6.4 節参照）により形成される二量体分子の原子核間距離から見積もられることがある。この場合，同周期の 17 族元素の共有結合半径よりも大きく，次の周期の 1 族元素と同程度になる。

2.5 同位体   23

例題2.9

ヨウ素分子の原子核間距離は 2.67×10^{-10} m である。ヨウ素原子の共有結合半径はいくらか。

解答

1.34×10^{-10} m

例題2.10

臭素分子の原子核間距離は 2.28×10^{-10} m である。臭化ヨウ素分子（IBr）の原子核間距離を推定せよ。

解答

2.48×10^{-10} m と推定される。（実測値は 2.47×10^{-10} m）

例題2.11

次のイオン半径の違いを説明せよ。

（1）	Se^{2-}	Br^-	Rb^+	Sr^{2+}	
	1.84	1.82	1.66	1.32	$\times 10^{-10}$ m
（2）	Li^+	Na^+	K^+	Rb^+	Cs^+
	0.90	1.16	1.52	1.66	1.81

（最右列（2）は $\times 10^{-10}$ m）

解答

（1）　すべて Kr と同じ電子配置である。この場合，原子核の電荷の大きい Sr^{2+} で静電気力が最大となり，イオン半径は最小となる。逆に原子核の電荷の小さい Se^{2-} ではイオン半径が大きくなる。

（2）　すべて電子配置は貴ガスと同じであり，最外殻電子の主量子数の大きさを反映して原子番号の大きなものほどイオン半径も大きくなる。

2.5　同位体

　原子番号は原子核中の陽子の数で定義される。もちろん，電気的に中性な原子の場合，原子番号は電子の数とも一致する。原子核中の陽子と中性子の数の和を**質量数**といい，原子番号が同じで質量数の異なる原子を互いに**同位体**という。すなわち，陽子の数が同じで中性子の数が異なる原子である。複数の同位体を区別する際には，元素記号の左肩に質量数を書き加える。たとえば，質量数 12 と 13 の炭素であれば，^{12}C，^{13}C のように記述する。

　同位体には，**安定同位体**と**放射性同位体**がある。放射性同位体の原子核は放射線を出してより安定な原子核に変化する。たとえば，質量数 14 の炭素 ^{14}C は，電子線（ベータ線）を出して ^{14}N に変わる。安定同位体では，陽子の数と中性子の数はほぼ等しいが，質量数の増加につれて中性子の割合が大きくなる傾向にある。

　ここで，2.1 節で問題とした，Te と I や Ar と K などで，原子量と原子番号の順が逆になっている理由を考えてみよう。実は，これは同位体の存在で説明することができる。Ar には，質量数が 36，38，40 の安定同位体があり，それぞれの存在比と相対質量は 0.34%，35.97，0.07%，37.96，99.59%，39.96 で，加重平均を

計算すると原子量は 39.95 となる。一方、K には、質量数が 39, 40, 41 の同位体が自然界に存在し、それぞれの存在比と相対質量は 93.26%, 38.96, 0.01%, 39.96, 6.73%, 41.04 であり、原子量は 39.10 となる。すなわち、Ar では中性子が 22 個のものが多く、K では、中性子が 20 個のものが多い。そのため、陽子の数は K が 19 個で Ar よりも 1 個多いにもかかわらず、原子量では逆転現象が起こるのである。

元素の化学的性質は、電子の数、特に価電子の数で決まる。すなわち、同位体同士では、電子の数は等しく、その化学的性質は酷似する。しかし、質量の違いにより、拡散の速さが違ったり、化学反応の速さが違ったり、光の吸収の波長が微妙にずれたりする。それによって、同位体を分離することが可能である。また、鉱物などに含まれる元素の同位体存在比は産地により微妙に異なる。それによって、鉱物の産地を特定したりすることもできる。また、放射性同位体を使うことによって、生体内の元素の移動過程の追跡や、岩石や木材の年代測定などができることも有名である。なお、原子の属性とは違って、原子核の属性は同位体によって大きく異なる。たとえば、^{235}U は核燃料になるが、^{238}U はプルトニウムに変換しないかぎり核燃料にはならない。

例題 2.12

Te と I で原子量が逆転する理由を説明せよ。

解答

Te には相対質量 119.9 の ^{120}Te が 0.1%、121.9 の ^{122}Te が 2.5%、122.9 の ^{123}Te が 0.9%、123.9 の ^{124}Te が 4.6%、124.9 の ^{125}Te が 7.0%、125.9 の ^{126}Te が 18.7%、127.9 の ^{128}Te が 31.7%、129.9 の ^{130}Te が 34.5% 天然に存在し、原子量は 127.6 である。一方、I には ^{127}I しかなく、原子量は 126.9 である。よって原子量は、原子番号の小さい Te の方が大きくなる。

例題 2.13

陽子 1 個、中性子 2 個からなる三重水素原子は放射性で、その半減期は 12.3 年である。最初の量が 4 分の 1、8 分の 1、100 分の 1 になるのは何年後か。

解答

それぞれ、24.6 年後、36.9 年後、81.7 年後
（放射性物質の量は指数関数的に減衰する。）

---

^{14}C による年代測定

考古学では、^{14}C による放射性炭素年代測定法が有名である。放射性同位体の原子核が放射線を出して別の原子核に変わることを放射壊変という。一般に放射壊変の速度は放射性同位体それぞれについて一定であり、その化学的状態（たとえば、炭素でいえば、ダイヤモンドであるのか、CO_2 であるのか、タンパク質の一部であるのか）にはよらない。また、圧力や温度にも依存しない。^{14}C の原子数は、統計処理ができる程度存在する場合には、最初の数に関係なく、5.73×10^3 年で半分になる。この半分になるまでの時間を**半減期**と呼ぶ。

^{14}C は、大気上層部に降り注ぐ宇宙線の作用によって窒素原子から生成される。その生成量は宇宙線の強度に依存するが、過去数万年という単位ではそれほど変化していないと考えられ、大気中の ^{14}C / ^{12}C 比は 1.2×10^{-12} で一定と考えられる。生成した ^{14}C は、光合成を通じて植物に取り込まれ、さらに食物連鎖を通じて動物にも取り込まれる。生物の死後、^{14}C の供給は断たれ、5.73×10^3 年の半減期で減衰する。よって、^{14}C/^{12}C 比を測定すれば、死後の経過時間が算出できる。

第 2 章演習問題

問題 2.1
仮に第 8 周期に 1 族および 2 族の元素が存在するとすれば，どのような電子配置が期待されるか。

問題 2.2
Mg 原子から電子を外側の軌道から順に取り除くことを考える。イオン化エネルギーが急激に増大するのは，何個の電子を取り除いた後か。理由を付して解答せよ。

問題 2.3
20℃，1.0×10^5 Pa で 1.0 dm³ のアルシン AsH_3 の質量を測定したところ，3.2 g であった。ヒ素の原子量を求めよ。アルシンは理想気体としてよい。

問題 2.4
ゲルマニウムの原子量は 72.6 で，密度は 5.32 g cm⁻³ である。仮にゲルマニウム原子が立方体であるとすると，その一辺の長さはいくらか。

問題 2.5
塩素には，相対質量 34.97 の ^{35}Cl が 75.77%，36.97 の ^{37}Cl が 24.23% 存在する。原子量を求めよ。

問題 2.6
NaCl 結晶において Na の原子核と Cl の原子核の距離はいくらと推定されるか。KCl ではどうか。表 2.4 を参照して答えよ。

問題 2.7
ある生物試料の $^{14}C/^{12}C$ 比が 1.2×10^{-13} であった。この生物は死後何年たっていると考えられるか。大気中の $^{14}C/^{12}C$ 比を 1.2×10^{-12} とし，^{14}C の半減期を 5.73×10^3 年とする。

コラム：原子論確立初期

ドルトンが実験結果を積み重ね，原子とは従来の空想上の産物ではなく，質量をもった実体であるという原子論を提唱した後，多くの科学者がその検証を試みた。その中には，自然現象を原子・分子の力学から説明しようとした者たちもいた。

マクスウェルは気体を多数の分子が衝突しあう集合とみなし，分子の運動を確率論的に解析することで，マクロな熱力学における概念にミクロな視点に立った解釈をもち込んだ。たとえば，気体の温度は気体分子のもつ運動エネルギーの平均値に比例することを示し，温度に「分子運動の激しさ」という解釈を与えた。また，ボルツマンはマクスウェルの手法を一般化して，エントロピー（9.4節参照）とは，多数の粒子からなる系の無秩序さの度合いを表す量，いわば乱雑さの尺度であることを示した。それが，のちに統計力学として発展し，20世紀初頭の量子力学の開花につながっていく。

一方，20世紀になっても，原子の存在を信じない科学者も存在した。彼らは，科学とは観測された現象を記述する法則を見つけることで，観測不能な原子の存在を前提にした議論はすべきではないと批判した。現在の知識をもって否定派を批判することはやさしい。しかし，当時の限られた知見のもとでは，彼らの主張も決して不合理なものとはいえなかった。論争が最終的に決着したのは，ペランがアインシュタインのブラウン運動の理論を実験的に証明した1908年のことであった。　　　　　（盛谷浩右）

コラム：同位体存在比の偏差

同位体の存在比は，地球上のどこでも一定というわけではない。放射性同位体の半減期や同位体を含む分子の蒸気圧，反応性の違いなどの影響で場所により存在比が異なる。放射性同位体 ^{14}C の半減期（5730年）に比べて長く地層に貯留された化石燃料では ^{14}C の存在比が小さくなる。そのため，化石燃料を消費する工場付近では二酸化炭素中の ^{14}C の存在比が小さくなる。また，酸素原子には安定同位体として，$^{16}O, ^{17}O, ^{18}O$ が存在する。同じ海水であっても赤道付近と極地では酸素の同位体の存在比が異なる。海水が大気中へ蒸発する際，$H_2{}^{16}O$ は他の同位体種よりもわずかだが蒸発しやすい。水蒸気は大気中を上昇したり，極地に向かって移動したりする際に冷やされて雨となる。その結果，赤道付近の海水では ^{18}O の比率が高く，極地に向かうに従い ^{16}O の比率が高くなる。これら以外にもさまざまな要因により，各元素の同位体の存在比は場所により変化する。生物は，その生息地で同位体を含む分子を個体内へ取り込む。そのため，地域ごとの植物中の炭素（^{13}C）や水素（^2H），窒素（^{15}N），酸素（^{18}O）の同位体組成分布を比較することで植物の栽培地を特定することができる。ヒトにおいても毛髪や爪，歯などには摂取した水の影響が記録されており，居住地域を特定できる。同位体存在比の分析は，年代測定のみならず気候学や犯罪捜査にも利用されている。　　　　　（宮林恵子）

3 量子力学入門

第3章では，**量子力学**の初歩的扱いについて学ぶ。そのため，高等学校レベルの物理の知識を前提とした内容を含む。具体的には，以下の公式を使用する。

運動量 p＝質量 m×速度 v

力学的エネルギー E＝

運動エネルギー K＋位置エネルギー V

運動エネルギー K＝$(1/2)\,mv^2 = p^2/(2m)$

光速 c＝振動数 ν×波長 λ

また，量子力学の話を進める前に，少し前準備が必要となる。「エネルギーの量子化」「物質波の概念」などである。いずれも，にわかには信じられないかもしれないが，これが，現代物理学の常識である。

3.1 光の粒子性と波動性

> 速度や運動量はベクトル量であるが，本書では，その大きさにのみ着目する。

1905 年，アインシュタインは 3 報の論文を発表している。そのいずれもが，ノーベル賞級のものであった。1 つは，1.2 節で紹介したブラウン運動に関するものである。これによって，原子や分子の存在が確実なものとなった。2 つ目が特殊相対性理論で，これから質量のある物体を光速以上に加速することはできないことが導かれる。そして，3 つ目が**光電効果**の理論的説明に関するものである。

当時，光が波の性質をもつことは，光が干渉（複数の波が重なることで互いに強めあったり弱めあったりする現象）や回折（光が障害物の裏側に回りこむ現象）をすることから疑いのないこととなっていた。波であるからには，「振動数」「波長」「振幅」といった物理量で規定される。

$$\text{光速 } c＝振動数 \nu×波長 \lambda \tag{3.1}$$

という関係式も一般の波の場合と同様に成立する。一方，光が波であるとするとどうしても説明できない現象があった。それが光電効果である。光電効果とは，真空中で金属などの固体表面に光を照射すると，光の振動数が物質固有のある値（ν_0 とする）以上の場合には，電子（これを**光電子**と呼ぶ）がほとんど瞬時に飛び出す現象である。光電効果では，照射する光の振動数を ν とすると，飛び出す電子の運動エネルギーの最大値は $h(\nu-\nu_0)$ で与えられる（図 3.1）。h は**プランク定数**と呼ばれる定数で，現在では厳密に $6.62607015×10^{-34}$ J s と定義されている。

$$K（最大値）＝h(\nu-\nu_0) \tag{3.2}$$

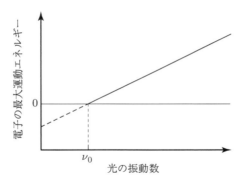

図 3.1 光の振動数 ν と光電子のもつ最大の運動エネルギー K（最大値）の関係

当てる光を強くすれば，飛び出す電子の数は増えるが，ν_0 以下の振動数の光では，いかに強い（振幅の大きな）光を照射しても電子は飛び出さない。ここで，光が波だとするとエネルギーが十分に与えられるにもかかわらず電子が飛び出さないことの説明がつかない。一方，ν_0 以上の振動数の光では，弱い（振幅の小さな）光でも電子が飛び出す。そこで，アインシュタインは光は粒子（これを**光子**と呼ぶ）であるとした。そうすれば，弱い光でもピンポイントで特定の電子にだけエネルギーを与えることができる。$h\nu_0$ を電子 1 個を固体表面で束縛された状態から解き放し飛び出させるための最低のエネルギー（これを**仕事関数**と呼ぶ）と考えれば，ν_0 未満の振動数の光では光電子が飛び出さない理由も説明できる。この「光が粒子的性質をもつ」という考えは，アインシュタインの理論に先立って，プランクが高温に熱せられた物体から放射される光のスペクトルの解析から得た「光のエネルギーは $h\nu$ を単位として量子化され，とびとびの値をとる」という結論にも合致した。言い換えると，光子 1 個のエネルギー E が $h\nu$ であると考えられる。

$$E(光子) = h\nu = h\frac{c}{\lambda} \tag{3.3}$$

ところで，光が「粒子性をもつ」ということは，「波動ではない」ということではない。実は，「粒子」とか「波動」とかいう概念は巨視的なものであり，微視的な世界では，両者を区別することに意味がなく，両者の性質を併せもつのである。

例題 3.1

Na の炎色反応で観測される光（これを D 線と呼ぶ）の波長は 589 nm である。光子 1 個のエネルギーおよび光子 1.00 mol のエネルギーを求めよ。

解答
式 (3.3) より，光子 1 個のエネルギー：3.37×10^{-19} J
光子 1.00 mol のエネルギー：2.03×10^5 J

光を検出する装置にもいろいろなものがある。ヒトの目も1つの光検出器であり，ここでは，ロドプシンなどの有機分子の光化学反応が使われる。その他にも半導体を利用したものなどもあるが，これらの中で，感度も高く応答性にも優れた検出器が「光電管」あるいはさらに感度を高めた「光電子増倍管」と呼ばれるものである。どちらも光電効果により飛び出す光電子を利用する。使用する金属の種類を選ぶことで，長波長まで感度を有するものや，逆に短波長の光にしか応答しないものなど多種類の製品が市販されている。

例題 3.2

波長 633 nm，出力 5.0 mW のヘリウム-ネオンレーザーから 15 秒間に出てくる光子の数を求めよ。

解答

2.4×10^{17} 個

例題 3.3

Na は波長 526 nm よりも長波長の光では光電効果を起こさない。仕事関数 W はいくらか。波長 426 nm の光を照射したとき，飛び出す電子の運動エネルギーの最大値はいくらか。

解答

3.78×10^{-19} J

0.89×10^{-19} J

3.2 光子の運動量

アインシュタインの特殊相対性理論によれば，質量をもたないことが，光速で伝播するための必要条件である。すなわち光子の質量はゼロである。しかし，光子は運動量はもつ。これは，ニュートンの古典力学の公式「運動量 p＝質量 m×速度 v」では説明することはできない。アインシュタインの理論に従うと，質量 m の物体のもつエネルギー E と運動量 p の間には，$E^2 = m^2 c^4 + p^2 c^2$ という関係式が成立する。c は光速である。これに $m = 0$ を代入すると

$$E = pc \tag{3.4}$$

が成立する。これと，式(3.3)を連立させると

$$p = \frac{h\nu}{c} = \frac{h}{\lambda} \tag{3.5}$$

なる関係が導かれる。すなわち，光子は運動量をもち，その大きさは波長 λ に反比例する。ちなみに，$E = mc^2$ という有名な式は，$p = 0$ の場合に成立する式であり，光子には適用できない。なお，光子以外の電子などの粒子でも，高速に加速すれば，$p = mv$ という関係式は成立しなくなるが，本書では，電子など光子以外の粒子では，このような相対論的効果は無視できるものとして扱う。

例題 3.4

Na の D 線（589 nm）の光子1個のもつ運動量はいくらか。

解答

式(3.5)より，$1.12 \times 10^{-27} \ \mathrm{kg \ m \ s^{-1}}$

3.3 ド・ブロイの物質波の概念

プランクとアインシュタインの業績によって，光が波動であるか，粒子であるかという二者択一の議論がそもそも意味をもたないことになった。光が波と粒子の二面性をもつのならば，電子などの粒子にも波動性があるのではないかと考えたの

30　3.　量子力学入門

が，ド・ブロイである。1924 年のことであった。ド・ブロイは，式(3.5)が，光子のみならず，電子を含むすべての粒子に対して成立すると考えた。この考え方が**物質波**の概念であり，この波長のことを**ド・ブロイ波長**と呼ぶ。

　1×10^2 V で加速された電子のド・ブロイ波長を計算してみると，1×10^{-10} m となり，電磁波でいえば X 線に相当する。X 線が結晶で回折されることを考えれば，結晶に加速した電子線を照射すれば回折が起こることが期待できる。実際，1927 年，デビッソンとガーマーは加速した電子線を Ni の結晶に照射すると回折されることを発見し，ド・ブロイの予言が確かめられた。なお，この電子の波動性を利用した顕微鏡が電子顕微鏡である。

例題 3.5

　1.6×10^{-17} J の運動エネルギーを有する電子のド・ブロイ波長を求めよ。電子の質量を 9.1×10^{-31} kg とする。なお，相対論的効果は無視し，運動量 $p=$ 質量 $m\times$ 速度 v としてよい。

解答

　式(3.5)より，1.2×10^{-10} m

例題 3.6

　時速 151 km（41.9 m s^{-1}）で飛ぶ，0.15 kg のボールのド・ブロイ波長はいくらか。

解答

　1.1×10^{-34} m（これは，とても観測にかかる値ではない。）

例題 3.7

　通常の光学顕微鏡の分解能は 0.2 μm 程度が限界である。一方，電子顕微鏡では，機種によっては 1 nm の分解能を有するものもある。この違いはどこからくるのであろうか。

解答

　光学顕微鏡では可視光を使う。可視光の波長は 4×10^{-7} m から 8×10^{-7} m で，基本的にこの半分以下のものを識別することはできない。一方，電子顕微鏡では，電子の加速電圧をあげれば，原理的にはいくらでも波長を短くすることができ，分解能を上げることができる。

3.4　シュレーディンガー方程式と量子力学

　1926 年，シュレーディンガーはド・ブロイの物質波の概念をもとに，この物質波が満たすべき方程式を導いた。それが，**シュレーディンガー方程式**であり，現在の量子力学の根幹ともいうべき式である。

　一般に，波動は位置と時間の関数として規定されるが，ここでは，簡単のため**定在波**に話を限定する。定在波とは，弦楽器の弦のようなものを思い浮かべればよい。弦楽器の弦の振動では，もっとも激しく動く腹の位置やまったく動きがない節の位置が時間とともに移動することはない。このような波を定在波という（逆に，

3.4 シュレーディンガー方程式と量子力学

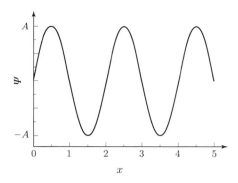

図 3.2 波長 λ＝2，振幅＝A の場合の正弦波

海の波のように腹や節の位置が時間とともに移動する波を進行波と呼ぶ）。また，波動の次元は1次元とする（ギターの弦が1次元の振動をするのに対して，太鼓の膜は2次元の振動をする）。1次元の定在波は，位置座標 x に依存する部分と時間 t に依存する部分の積で表すことができる。ここでは，位置座標 x に依存する部分「波動 Ψ」だけを取り出して考える。また，一口に波動といっても，複雑なものから単純なものまであるが，ここではもっとも単純な波動である正弦波について考える（図 3.2）。波長 λ の正弦波は次式で与えられる。

$$\Psi = A\sin(2\pi x/\lambda) \tag{3.6}$$

A は振幅である。

Ψ を x で2回微分すると

$$\frac{d^2\Psi}{dx^2} = -\frac{4\pi^2}{\lambda^2}A\sin\frac{2\pi x}{\lambda} = -\frac{4\pi^2}{\lambda^2}\Psi \tag{3.7}$$

となる。これに，ド・ブロイの関係式 $p=h/\lambda$ を代入しよう。

$$\frac{d^2\Psi}{dx^2} = -\frac{4\pi^2 p^2}{h^2}\Psi = -\frac{8\pi^2 mK}{h^2}\Psi \tag{3.8}$$

ここで，K は運動エネルギー $p^2/(2m)$ である。これに運動エネルギー K＝力学的エネルギー E －位置エネルギー V を代入して

$$\frac{d^2\Psi}{dx^2} = -\frac{8\pi^2 m(E-V)}{h^2}\Psi$$

よって

$$\left\{-\frac{h^2}{8\pi^2 m}\frac{d^2}{dx^2}+V\right\}\Psi = E\Psi \tag{3.9}$$

を得る。シュレーディンガーは，これが，物質波が満たすべき基本方程式（のちにシュレーディンガー方程式と命名される）であるとした。なお，式(3.9)のような微分を含む方程式を**微分方程式**と呼ぶ。一般的な微分方程式の説明については，3.A 節を参照されたい。

ここで，当然，疑問が起こるであろう。正弦波という1つの特殊解（3.A 節参照）から出発して，1つの微分方程式を導いた。そして，今度は，それが物質波一般の満たすべき方程式であると主張している。これは，いかにも乱暴に聞こえる。確かに，その通りである。しかし，考えてみれば，ド・ブロイの物質波の概念も，

慣性の法則などニュートンの力学の法則も乱暴な仮定なのである。問題は，仮定が乱暴であるかどうかではなく，その仮定から導かれる結果が，実験結果を再現するかどうかである。ニュートンの力学の法則からは，天体運動における経験則，ケプラーの法則が見事に導かれた。ド・ブロイの仮定は，電子線回折の実験により正しいと認められた。同じことがシュレーディンガー方程式についてもいえる。これを仮定することで，原子や分子の中の電子の振る舞いが説明されるのであれば，さかのぼって最初の仮定は正しかったと考えられるのである。ただし，ニュートンの法則に比べて，シュレーディンガー方程式が，はるかに直感に訴えにくいことは確かである。それは，マクロの世界に住む人間にとっては致し方のないことである。シュレーディンガー方程式は，水素原子のみならず，他の原子や分子に対しても有効であることが，1920 年代から 1930 年代に次々と示された。

　シュレーディンガー方程式を満たす Ψ のことを**波動関数**という。一般に，波の強さは振幅の 2 乗に比例する。そこでシュレーディンガーは波動関数 Ψ の 2 乗を物質波の密度だと考えた。しかし，その後，この解釈には問題点が指摘され，波動関数 Ψ の絶対値の 2 乗が，「粒子を見いだす確率に比例する」というボルンの考え方（1926 年）が一般に受け入れられるようになった。この確率論的解釈が成立するためには，波動関数は一価，有限，連続という条件を満たさなければならない。たとえば，一価でないということは，ある座標 x に対して Ψ の値が複数存在することであり，粒子の見いだされる確率が一意に決まらないということになる。また，有限でない（座標 x による積分値が無限大に発散）ということは，粒子の見いだされる確率が規格化できず，確率の総和が 1 にならないことになるからである。

　3.B 節に，箱の中の粒子（特定の長さの箱の中に閉じ込められており，箱の外に出ることはできない粒子）についてのシュレーディンガー方程式の解法を掲げる。

ボルンが「波動関数の 2 乗」ではなく，「波動関数の絶対値の 2 乗」とした理由は，波動関数が複素関数となることもあるからである。

例題 3.8

$\Phi = 2\cos(2\pi x/\lambda)$ がシュレーディンガー方程式を満たすことを確認せよ。

解答

　Φ を x で 2 回微分すると

$$\frac{\mathrm{d}^2\Phi}{\mathrm{d}x^2} = -\frac{4\pi^2}{\lambda^2}\Phi$$

これに，ド・ブロイの関係式 $\lambda = h/p$ を代入すると

$$\frac{\mathrm{d}^2\Phi}{\mathrm{d}x^2} = -\frac{4\pi^2 p^2}{h^2}\Phi = -\frac{8\pi^2 mK}{h^2}\Phi$$

さらに，$K = E - V$ を代入して

$$\frac{\mathrm{d}^2\Phi}{\mathrm{d}x^2} = -\frac{8\pi^2 m(E-V)}{h^2}\Phi$$

$$\left\{-\frac{h^2}{8\pi^2 m}\frac{\mathrm{d}^2}{\mathrm{d}x^2} + V\right\}\Phi = E\Phi$$

よって，シュレーディンガー方程式を満足する。

3.5 水素原子の波動関数と量子数

水素原子についてのシュレーディンガー方程式の解法は，かなり高度な数学の知識を必要とするが，3.B節に示した「箱の中の粒子」の場合と同様に解くことができる。箱の中の粒子の場合は，箱の外では波動関数がゼロにならなければならないという条件から，エネルギーが正整数の2乗に比例した離散的な値しか許されないことが示される。それと同様に，水素原子においても波動関数が一価で有限でなければならないという条件から**量子数**が自動的に出てくる。ただし，この場合は，水素原子の電子が3次元的広がりをもつことに対応して，n, l, m_lという3つの量子数が必要となる。nは，**主量子数**で，1以上の整数値をとり，エネルギーはこの主量子数ではほぼ決まる。nが小さいほど，電子のエネルギーは低く，また電子は原子核の近くに見いだされる確率が高い。lは，**方位量子数**と呼ばれ，主量子数がnのとき，0から$n-1$までの整数値をとる。すなわち，1つの主量子数nに対して，n個の方位量子数lが可能である。lの値により，波動関数の形（電子の軌道の形）が決まる。m_lは**磁気量子数**と呼ばれ，$-l$から$+l$までの$2l+1$個が可能である。

水素原子のシュレーディンガー方程式を解くことで，主量子数，方位量子数，磁気量子数の3つの量子数が現れるが，実は，電子には，これらのほかに**スピン量子数**とスピン磁気量子数がある。これは，さらに高度な量子力学である「相対論的量子力学」の産物であり，ここでは詳細は述べないが結論だけをいうと，スピン量子数sは1/2に限定されるが，スピン磁気量子数m_sは「+1/2（上向き）」と「-1/2（下向き）」の2種類が許される。1.4節で**パウリの排他原理**について述べたが，スピン磁気量子数まで含めて考えるとパウリの排他原理は「1つの原子内で2個以上の電子が4つの同じ量子数（n, l, m_l, m_s）の組み合わせをもつことはない」と言い換えることができる。なお，スピンの語源は「自転」である。これは，かつて電子が剛体球であり右回りと左回りの2種類の自転をしながら原子核のまわりを公転していると考えられた時代の名残である。もちろん，電子は自転も公転もしていない。なお，水素原子以外の複数の電子を有する原子においても，電子の量子数は以上に限られ，4つの量子数で状態が規定される。

鉄，コバルト，ニッケルといった金属は，なぜ磁石に引きつけられるのだろうか。これには，いろいろなレベルの解答が可能であるが，1つの答えは「電子のスピン量子数がゼロでないから」というものである。スピン量子数がゼロでないということは，電子1個1個が小さな磁石であるということを意味する。ちなみに，金属以外でも酸素，一酸化窒素といった分子も磁石に引き寄せられる。これも電子のスピンのなせるわざである。

例題3.9

主量子数をnとする軌道に入りうる電子の数の上限が$2n^2$であることを，パウリの排他原理から導け。

解答

主量子数nが与えられた場合，可能なlは0から$n-1$までのn個。各lについて，可能なm_lの数が$2l+1$個。各(n, l, m_l)の組合せについて，スピン磁気量子数m_sが2つ可能であるから，全体の数は

$$2\sum_{l=0}^{n-1}(2l+1) = 2\left\{2\frac{n(n-1)}{2}+n\right\} = 2n^2$$

となる。

3.A 微分方程式

x の関数 $y=x^2$ を微分すれば，$\mathrm{d}y/\mathrm{d}x=2x$ となる。では，「$\mathrm{d}y/\mathrm{d}x=2x$ を満たす y を求めよ」といわれたらどう答えたらよいだろうか。答えは $y=x^2+C$（定数）である。このように，未知の関数の微分を含む方程式を**微分方程式**という。一般に，微分方程式の解は不定定数を含む。これを一般解という。不定定数に特定の値を代入したものを特殊解という。以下に具体例を挙げる。

例（1） $\mathrm{d}y/\mathrm{d}x=\exp(x)$ を満足する x の関数 y を求めよ。なお，$\exp(x)$ は e^x と同じものである。

解答

$$\frac{\mathrm{d}y}{\mathrm{d}x}=\exp(x)$$

$$\mathrm{d}y=\exp(x)\,\mathrm{d}x$$

$$\int\mathrm{d}y=\int\exp(x)\,\mathrm{d}x$$

$$y=\exp(x)+C$$

例（2） $\mathrm{d}y/\mathrm{d}x=y$ を満足する x の関数 $y\,(\neq0)$ を求めよ。

解答

$$\frac{\mathrm{d}y}{\mathrm{d}x}=y$$

$$\frac{1}{y}\mathrm{d}y=\mathrm{d}x$$

$$\int\frac{1}{y}\mathrm{d}y=\int\mathrm{d}x$$

$$\ln|y|=x+C' \qquad (\ln|y| \text{ は } |y| \text{ の自然対数})$$

$$y=\pm\exp(x+C')=\pm\exp(C')\exp(x)$$

$$y=C\exp(x) \qquad (C\neq0)$$

3.B 箱の中の粒子

質量 m の粒子が，長さ a の1次元の箱の中に入っている場合のシュレーディンガー方程式の解を求めてみよう。箱の中では位置エネルギー V はゼロで，箱の外の位置エネルギーは無限大とする。すなわち，粒子は箱の外に出ることはできないものとする。粒子のもつエネルギー（運動エネルギー）を E とする。

$0\leq x\leq a$ の範囲で，シュレーディンガー方程式は

$$-\frac{h^2}{8\pi^2m}\frac{\mathrm{d}^2\Psi}{\mathrm{d}x^2}=E\Psi \tag{3.10}$$

である。微分方程式(3.10)の解は以下の式(3.11)で与えられる。ここで，A, B は定数である。

$$\Psi=A\sin\left(\frac{(8\pi^2mE)^{1/2}}{h}x\right)+B\cos\left(\frac{(8\pi^2mE)^{1/2}}{h}x\right) \tag{3.11}$$

これは，式(3.11)を2回微分してみればわかる。

3.C 不確定性原理

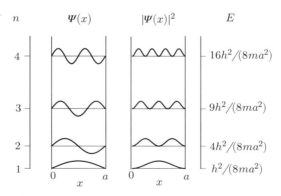

図 3.3 1次元の箱の中の粒子の波動関数とその絶対値の2乗，およびそのエネルギー

$$\frac{d\Psi}{dx} = \frac{(8\pi^2 mE)^{1/2}}{h} A\cos\left(\frac{(8\pi^2 mE)^{1/2} x}{h}\right) - \frac{(8\pi^2 mE)^{1/2}}{h} B\sin\left(\frac{(8\pi^2 mE)^{1/2} x}{h}\right),$$

$$\frac{d^2\Psi}{dx^2} = -\frac{8\pi^2 mE}{h^2} A\sin\left(\frac{(8\pi^2 mE)^{1/2} x}{h}\right) - \frac{8\pi^2 mE}{h^2} B\cos\left(\frac{(8\pi^2 mE)^{1/2} x}{h}\right)$$

$$= -\frac{8\pi^2 mE}{h^2}\Psi$$

よって，式(3.11)は微分方程式(3.10)を満たす。

ここで，$x=0$ と $x=a$ では，位置エネルギーは無限大となるため，Ψ はゼロとならなければならない。これは，「波動関数は有限かつ連続でなければならない」という条件からの要請である。そうすると

$x=0$ のとき　　$0 = B$,

$x=a$ のとき　　$0 = A\sin\left(\frac{(8\pi^2 mE)^{1/2} a}{h}\right) + B\cos\left(\frac{(8\pi^2 mE)^{1/2} a}{h}\right)$

$$= A\sin\left(\frac{(8\pi^2 mE)^{1/2} a}{h}\right)$$

となる。第2の条件を満たすためには，n を整数として

$$\frac{(8\pi^2 mE)^{1/2} a}{h} = n\pi \tag{3.12}$$

でなければならない。よって

$$E = \frac{n^2 \pi^2 h^2}{8\pi^2 ma^2} = \frac{n^2 h^2}{8ma^2} \tag{3.13}$$

となり，エネルギーが $h^2/(8ma^2)$ を単位として，その1倍，4倍，9倍と，とびとびの値となり，量子化されなければならないことがわかる。ここでは整数 n が量子数となる。なお，$a>0$ より $n>0$ となるので，n は1以上でなければならない。図3.3に，1次元の箱の中の粒子の波動関数とその絶対値の2乗，およびそのエネルギーを示す。

3.C 不確定性原理

波動関数における確率論的解釈はハイゼンベルクの提出した，**不確定性原理**とも関連する。1927年，ハイゼンベルクは，電子などのミクロな粒子では，位置と運

動量を同時に正確に決定することはできないとする理論を展開した。彼は，物体の位置を特定するために，光を当てて，そこで散乱される光を観測するという思考実験を提唱した。光は波の性質をもつ以上，光の波長よりも精度を上げて位置を決定することはできない。位置の測定精度を上げるには，波長の短い電磁波，たとえばX線やガンマ線を使わなければならなくなる。ところが，波長の短い電磁波を使うと，必然的に，光子のもつ運動量は大きくなる。その結果，観測対象の粒子を跳ね飛ばしてしまい，対象粒子の運動量に関する情報は失われる。

厳密な数学的取り扱いをすると，位置の不確定さ Δx と運動量の不確定さ Δp の間には

$$\Delta x \Delta p \geqq \frac{h}{4\pi}$$

なる関係があることが導かれる。これを不確定性原理という。これは，原子核をとりまく電子の位置を正確に決めることはできないことに符合する。

3.D　ボーアの原子モデル

プランクとアインシュタインは，黒体輻射の波長分布や光電効果を説明する中で，エネルギーの量子化という概念に至った。一方，当時，原子のスペクトルが分子のスペクトルとは異なり輝線スペクトルであることはよく知られていた。この両者を結びつけたのがボーアである。1913年，ボーアは，水素原子を陽子のまわりを電子が円運動するものとして，その輝線スペクトルを説明することに成功した。まず，彼は以下の仮定を置いた。なお，簡単のため，陽子は空間に固定され，動かないものとしている。

（1）　電子は陽子のまわりを等速円運動する。その円軌道は複数存在する。
（2）　電子の円運動に伴うエネルギーの損失はない。
（3）　電子が円軌道間を遷移する際にエネルギー（光）の放出や吸収が起こる。
（4）　電子のもつ角運動量（軌道半径と運動量の積）は（プランク定数）/2π の正整数倍に限定される。

陽子と電子の間に働く静電気力 F は，陽子と電子の電荷をそれぞれ e と $-e$，円軌道の半径を r として

$$F = -k\frac{e^2}{r^2} \tag{3.14}$$

で与えられる。k は比例定数であり，真空の誘電率を ε_0 とすると $1/4\pi\varepsilon_0$ で与えられる。そして，この力の大きさは，遠心力に一致しなければならない。

$$k\frac{e^2}{r^2} = m\frac{v^2}{r} \tag{3.15}$$

m は電子の質量，v は電子の動く速さである。電子のもつ力学的エネルギー E は，運動エネルギーと位置エネルギー（静電ポテンシャルエネルギー）の和であるから

$$E = \frac{1}{2}mv^2 - k\frac{e^2}{r} = -k\frac{e^2}{2r} \tag{3.16}$$

となる（4.A節参照）。また，仮定(4)から

$$mrv = \frac{nh}{2\pi} \tag{3.17}$$

でなければならない。n は量子数（正整数）である。これを式(3.16)に代入して計算すると電子のエネルギーは

$$E = -k\frac{e^2}{2r} = -\frac{2\pi^2 k^2 me^4}{n^2 h^2},$$

円軌道の半径は

$$r = \frac{n^2 h^2}{4\pi^2 kme^2}$$

となる。$n=1$ のときの半径をボーア半径（53 pm）と呼ぶ。

量子数が n_1 から n_2 へ変化する遷移を考えると，そのエネルギー差に対応する光の振動数 ν は

$$\nu = \frac{2\pi^2 k^2 me^4}{h^3}\left|\frac{1}{n_1{}^2} - \frac{1}{n_2{}^2}\right| \tag{3.18}$$

となる。これは，それまで観測されていた，水素原子のスペクトルを完全に再現した。このように，水素原子のスペクトルに対しては輝かしい成功をおさめたボーアの理論であったが，残念なことに分子や水素原子以外の原子に対しては，ほとんど無力であった。そのため，その後に登場した本格的な量子力学にその座を譲ることになった。

第 3 章演習問題

問題 3.1

カリウムの炎色反応では，404 nm，767 nm，770 nm に発光が観測される。それぞれの波長における光子 1 個のエネルギーと運動量を求めよ。

問題 3.2

セシウムの仕事関数は 188 kJ mol^{-1} である。波長 255 nm の紫外線を照射した場合，飛び出してくる電子の運動エネルギーと速度の最大値はいくらか。

問題 3.3

Br_2 分子の結合エネルギーは 190 kJ mol^{-1} である。Br_2 分子に光を当てて分解させるには，光の波長はいくら以下でなければならないか。

問題 3.4

298 K で H_2 分子は平均速度 1.8×10^3 m s^{-1} で飛行している。H_2 分子のド・ブロイ波長を求めよ。

問題 3.5

炭素原子において，2 s 軌道の電子が同じスピン磁気量子数をもつことがあるだろうか。2 p 軌道の電子ではどうだろうか。

コラム：量子論をつくらせたのは？

　プランク・アインシュタイン・ハイゼンベルク…。量子論の開拓者には多くのドイツの科学者が名を連ね，量子論はドイツを中心に発展した。では，なぜドイツだったのだろうか？

　19世紀後半，イギリス・フランスは統一国家を成していたが，ドイツは多くの王国・大公国などの寄せ集めに過ぎず，ヨーロッパの中では遅れた地域だった。これを打破し，ドイツを世界の強国足らんとしたのがプロイセン王国の鉄宰相（Eiserne Kanzler）ビスマルクである。彼は1870年に普仏戦争を起こし，翌年パリ郊外のベルサイユ宮殿にてドイツ帝国を成立させた。さらにこの産声を上げたドイツ帝国の利権を守るためにビスマルク体制と呼ばれる国際体制をつくり上げ，鉄血政策と呼ばれる軍備拡張政策をとった。鉄とは，鉄からつくられる兵器を示す。

　普仏戦争の結果，ドイツはフランスから鉄鉱山と炭田を含むアルザス・ロレーヌ地方と50億フランの賠償金を手に入れた。材料・資金は揃ったが，製鉄で重要なのは溶鉱炉内の温度を知ることである。先進国であるイギリスでは長い製鉄の歴史があり，熟練工がその任に当たっていたが，後進国のドイツには熟練工などいない。「仕方ない。ドイツは科学でやろう。」ビスマルクは懸賞金を掛けて，溶鉱炉内の温度を測る技術を開発させた。これが，ヴィーンによる1893年の変位則，1896年の放射法則の発見を促し，1900年，プランクにより人類は初めて量子と出会うことになる。　　　　　　（神田一浩）

コラム：X線光電子分光測定による表面分析

　光電効果を利用することで，無機材料や有機・高分子材料などを含むさまざまな固体物質の表面分析が可能である。X線光電子分光法（X-ray Photoelectron Spectroscopy, XPS）は，AlやMgなどの特性X線を物質に照射した際に飛び出す光電子の運動エネルギーとその強度分布を測定する。照射X線と光電子のエネルギーの差から，電子の結合（束縛）エネルギーとその分布に関する情報を取得できる。

　X線を照射すると各原子の内殻電子が飛び出す。内殻電子の結合エネルギーは元素に固有の値であるため，スペクトル解析から物質中にどのような元素が存在するかを特定できる。ここで，内殻電子の結合エネルギーは，電子の状態や周囲の環境によってわずかに変化する（この変化を化学シフトという）。したがって，特定のエネルギー範囲に絞ってスペクトルを取得し化学シフトを解析すると，物質を構成する各原子の化学状態を定量的に分析できる。

　それでは，なぜXPSは「表面」分析方法なのか。X線は物質内部まで浸透するが，物質内部で発生した光電子は，物質内を移動する際に周囲の物質と相互作用してエネルギーを失い，外に飛び出てくることはない。そのため，XPSは表面近傍の情報のみを選択的に取得する。分析可能な表面からの深さは，X線の波長や物質の種類に依存するが，一般的に10 nm程度以下である。　　　　　　（織田ゆか里）

4 共有結合と配位結合

我々の身の回りに存在する化学物質は、ばらばらの原子あるいはイオンの状態で存在するのではなく、原子またはイオンが集まって分子や固体結晶の状態で存在する場合が多い。分子や結晶が形成される際の結合の様式にはいろいろなものがあるが、第4章では、共有結合および配位結合について考えていく。これら以外の結合については、第6章と第7章で取り上げる。

4.1 共有結合と電子式

分子や結晶ができる際の原子間の結びつきを**化学結合**という。化学結合は、その結合様式によって、**共有結合、配位結合、イオン結合、金属結合**などに分類される。本節で取り上げる共有結合とは2原子間で電子を共有することにより生成する結合である。

第2周期の炭素、窒素、酸素、フッ素の各元素が化学結合する際のルールとして、ルイスは以下のような**八偶説**（オクテット則）を提案した。
(1) 原子の最外殻の電子（価電子）は、原子核を中心とする立方体の頂点に配置される。
(2) 原子は、8か所すべての頂点に価電子が存在する状態（貴ガス構造）になるように化学結合をする。

2つのF原子間に共有結合が生成されて得られるF_2分子を八偶説を用いて記すと図4.1のようになる。

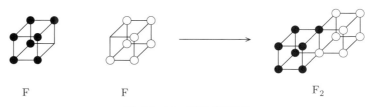

図 4.1　フッ素分子の形成

フッ素原子の価電子は7個であるので、立方体の頂点は7個の電子で占められる（頂点の黒丸あるいは白丸は電子を示す）。8か所の頂点がすべて電子で占められると原子は安定になるので、2つのフッ素原子間で2個の電子を共有して（八偶説の

表現では，立方体の一辺を重ね合わせて），**一重結合**（単結合）を作ることにより安定化する。このようにして，フッ素分子が生成される。この方法に従うと，O_2分子は図 4.2 のように，面を共有することにより，8 か所の頂点に電子が存在することになる。結果として，酸素原子間に**二重結合**が生成されると予想される（実際の O_2 分子では，2 個の対を作らない電子を有する構造が正しいが，この事実は電子を波動として扱う量子力学によってはじめて説明できる。この説明は例題 4.6 において行う）。

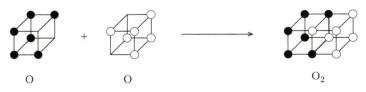

図 4.2 酸素分子の形成

さらに，窒素原子では，3 か所の頂点を共有（窒素-窒素**三重結合**を生成）することにより安定化すると考えられる。しかし，これは，立方体では表現することが困難である（図 4.3）。

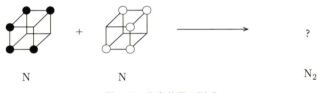

図 4.3 窒素分子の形成

そこで，ルイスは三重結合まで含めた結合を表現できるよう，**電子式**という表記法を提案した。電子式では，結合を考える前に，価電子を以下のように配置して，原子の電子式を表現する。

（1） 元素記号のまわりに，電子を最大 2 個収容できる場所を 4 か所用意する。
（2） この場所に価電子を配置していく際，電子は 1 か所に 1 個ずつ配置する。
（3） 4 か所に 1 個ずつ電子を配置した後，残りの電子を配置する。

たとえば，フッ素原子の電子式は，以下のような手順で記載する。

$$F \longrightarrow \dot{F} \longrightarrow \cdot\dot{F} \longrightarrow \cdot\dot{F} \longrightarrow \cdot\dot{F}\cdot \longrightarrow \cdot\ddot{F}\cdot \longrightarrow :\ddot{F}\cdot \longrightarrow :\ddot{F}\cdot$$

元素記号を書く　1個目の電子　2個目の電子　3個目の電子　4個目の電子　5個目の電子　6個目の電子　7個目の電子

例題 4.1

共有結合を考える場合の酸素原子と窒素原子の電子式による表記を行え。

解答

$$:\ddot{O}\cdot \qquad \cdot\dot{N}\cdot$$

4.1 共有結合と電子式　41

　電子式の表記に従うと，原子の価電子には 2 つの状態があることがわかる。1 つは，2 個の電子が対になった状態，もう 1 つは，対を作っていない状態である。このことに注意して，先ほど表記ができなかった 2 つの窒素原子から生成される窒素分子を電子式で記す。窒素原子の価電子は 5 個であり，化学結合を考える場合は対を作っていない 3 個の電子（**不対電子**）が共有結合を生成する。それぞれの原子のまわりにある電子の数が 8 個になるまで共有結合を作ると，窒素原子間の共有結合は三重結合となる。三重結合を共有結合で表す場合，2 つの表記方法があるが，どちらの表記方法を用いてもよい。

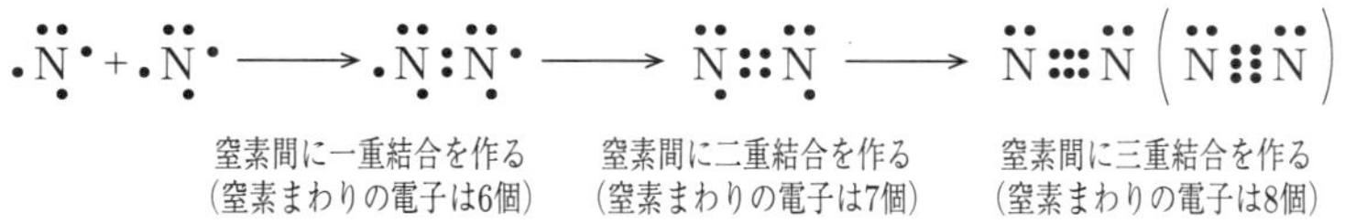

$$
\cdot \ddot{\text{N}} \cdot + \cdot \ddot{\text{N}} \cdot \longrightarrow \cdot \ddot{\text{N}} \!:\! \ddot{\text{N}} \cdot \longrightarrow \ddot{\text{N}} \!::\! \ddot{\text{N}} \longrightarrow \text{N} \!:::\! \text{N} \left(\text{N} \!\vdots\vdots\vdots\! \text{N} \right)
$$

窒素間に一重結合を作る
（窒素まわりの電子は6個）

窒素間に二重結合を作る
（窒素まわりの電子は7個）

窒素間に三重結合を作る
（窒素まわりの電子は8個）

　さらに，注意深く見ると，窒素原子のまわりの対を作っている電子には，共有結合に関係している電子と，関係していない電子がある。共有結合に関係する対を作っている電子対を**共有電子対**，共有結合に関係しない電子対を**非共有電子対**または**孤立電子対**と呼ぶ（図 4.4）。

非共有電子対
$$\ddot{\text{N}} \!\vdots\vdots\vdots\! \text{N}$$
共有電子対

図 4.4　共有電子対と非共有電子対

例題 4.2

　二酸化炭素分子（CO_2）の電子式を示せ。

解答

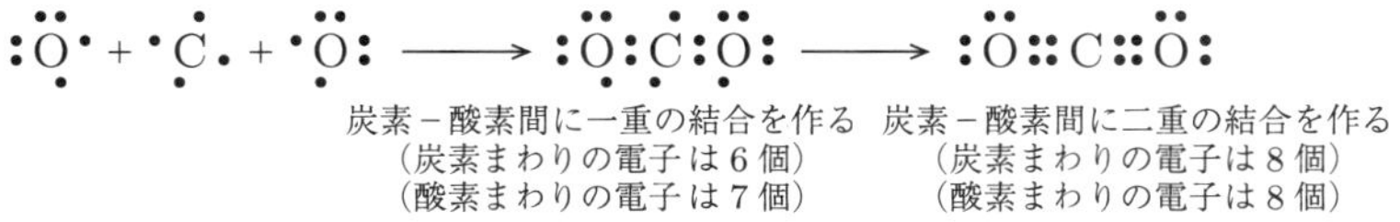

$$
:\!\ddot{\text{O}} \cdot + \cdot \dot{\text{C}} \cdot + \cdot \ddot{\text{O}}\! : \longrightarrow :\!\ddot{\text{O}} \!:\! \text{C} \!:\! \ddot{\text{O}}\! : \longrightarrow :\!\ddot{\text{O}} \!::\! \text{C} \!::\! \ddot{\text{O}}\! :
$$

炭素 – 酸素間に一重の結合を作る
（炭素まわりの電子は 6 個）
（酸素まわりの電子は 7 個）

炭素 – 酸素間に二重の結合を作る
（炭素まわりの電子は 8 個）
（酸素まわりの電子は 8 個）

原子価（不対電子の数）のもっとも大きい原子が八偶説を満たすように共有結合を作り，他の原子も八偶説を満たすことを確認する。結果として，二酸化炭素分子の炭素原子には 4 対の共有電子対が，酸素原子は 2 対の共有電子対と 2 対の非共有電子対がある。

　窒素分子や二酸化炭素分子の電子式では，共有結合を 2 つの点で表した。この表記法の他に共有電子対の 2 つの電子を線で表す表記方法がある。これを**構造式**と呼ぶ。窒素分子と二酸化炭素分子を構造式で表すと図 4.5 のようになる。構造式を用いると，電子式より結合の様子がより明確になる。なお，構造式においては，非共有電子対を省略する場合も多い。

$$:N⦂⦂N: \qquad :N≡N: \qquad :\overset{..}{O}⦂⦂C⦂⦂\overset{..}{O}: \qquad :\overset{..}{O}=C=\overset{..}{O}:$$

電子式 　　　　　構造式 　　　　　電子式 　　　　　構造式

図 4.5　電子式と構造式

例題 4.3

フッ素分子と水素分子の電子式および構造式を示せ。

解答

$$:\overset{..}{\underset{..}{F}}:\overset{..}{\underset{..}{F}}: \qquad :\overset{..}{\underset{..}{F}}–\overset{..}{\underset{..}{F}}: \qquad\qquad H:H \qquad H–H$$

電子式 　　　　　構造式 　　　　　　　　電子式 　　　　構造式

水素原子の場合，まわりの電子の数が 8 個ではなく 2 個で安定構造となる。これは，もちろん 1s 軌道が 2 個の電子で満席となるためである。

次に，一酸化炭素分子を考えてみよう。炭素原子の電子を白丸，酸素原子の電子を黒丸で表す（図 4.6）。この場合，八偶説を満たすためには，電子が 1 個酸素から炭素に移らなければならない。これは形式的に C^- と O^+ がイオン結合（イオン同士の静電気力による結合，6.1 節参照）したと考えれば説明がつく。しかし，より精密な計算を行うと，それほど大きな電荷移動は起こっておらず，八偶説では，これ以上の定量的な議論は難しい。

$$\overset{\circ}{\underset{\circ}{C}}\!^{\circ} \;+\; \overset{\bullet\bullet}{\underset{\bullet\bullet}{O}}\!\bullet \;\longrightarrow\; \overset{\circ}{\underset{\circ}{C}}⦂⦂\overset{\bullet\bullet}{\underset{\bullet\bullet}{O}}\!:$$

図 4.6　一酸化炭素分子の形成

なお，このような状態を表すために，**形式電荷**という概念がある。形式電荷は，（中性原子のもつ価電子の数）−（共有電子の数）/2−（非共有電子の数）によって計算することができる。一酸化炭素の場合，炭素原子の形式電荷は $4-6/2-2=-1$ となり，酸素原子の形式電荷は，$6-6/2-2=+1$ となる。ただし，繰り返しになるが，CO 分子において電子 1 個分の電荷が O 原子から C 原子へ移動しているわけではない。これについては，6.2 節で再度議論する。

形式電荷の概念を導入すると，例題 4.2 で取り上げた二酸化炭素の構造式の候補は複数となる。

$$:\overset{..}{O}=C=\overset{..}{O}: \qquad\qquad \overset{-}{:}\overset{..}{\underset{..}{O}}–C≡O\overset{+}{:}$$

炭素原子の原子価はいずれも 4 となっており，どちらの構造式を採用すべきか判断できない。そこで，形式電荷がゼロの原子数が最大になる構造式がより正しい構造を示すこととしている。結果として，二酸化炭素の構造式は，以下のものとなる。

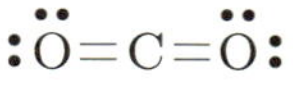

$$:\overset{..}{O}=C=\overset{..}{O}:$$

4.2 分子軌道

オゾンは，八偶説によれば正三角形環状構造も考えられるが，実際には，このような構造は不安定である。

例題 4.4

O_3 の構造式を示し，形式電荷を計算せよ。

解答

$$:\!\ddot{O}\!=\!\overset{+}{\ddot{O}}\!-\!\overset{-}{\ddot{O}}\!:$$

左の酸素原子の形式電荷 $=6-4/2-4=0$，
中央の酸素原子の形式電荷 $=6-6/2-2=+1$，
右の酸素原子の形式電荷 $=6-2/2-6=-1$

4.2 分子軌道

八偶説は，電荷移動まで含めて考えれば，多くの第 2 周期の元素の結合を説明できる。水素原子についても，例題 4.3 に示したとおり，2 個の電子を共有しヘリウムと同じ電子構造となったときに安定化すると考えれば同様の説明が可能である。しかし，第 3 周期以降の元素の結合では，十分な説明ができない場合も多い。また，CO や O_3 においても，電子 1 個分の電荷が移動しているわけではない。そこで，4.2 節では，電子を波動として，つまり軌道の概念を使って共有結合を考える。やや抽象的な話が増えるが，この分子軌道の考え方によって，上記の八偶説では説明できない種々の問題が解決される。本節では，その前に，2 つの原子核の間に電子が存在することによって結合が生成されることを古典的モデルで示す。

ニュートンはりんごの実が木から落ちるのを見て重力の法則を思いついたという話がある。りんごが落ちる理由は，樹上にあるよりも地上にある方がポテンシャルエネルギー（位置エネルギー）が小さいためである。同様に，原子もばらばらの状態でいるよりも分子を生成した方がポテンシャルエネルギーが低くなるとき，分子を生成しようとする。水素原子の陽子と電子の間隔を r とし，電荷をそれぞれ $e, -e$ とする。2 個の水素原子がばらばらにあるとき，静電ポテンシャルエネルギーは電荷の積に比例し距離に反比例するので，$2 \times (-ke^2/r)$ である（4.A 節参照）。k は比例定数である。ここで，図 4.7 のように，2 個の陽子と 2 個の電子を一辺 r の正方形の頂点に並べた場合を考える。

この場合のポテンシャルエネルギーは $-4ke^2/r + 2^{1/2}ke^2/r$ となり，ばらばらの状態での値に比べて低下している。すなわち，2 個の原子でいるよりも 1 つの分子となった方が安定であることがわかる。一方，電子と陽子が，電子，陽子，陽子，電子の順に距離 r で等間隔に直線状に並んでもポテンシャルエネルギーの低下は

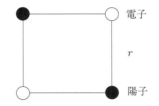

図 4.7 水素分子の古典的モデル

4.2.1　水素分子における分子軌道

電子を波動と捉えて，水素原子から水素分子が生成される理由を考える。2つの水素原子間に共有結合が生成することは，電子を1個ずつもつ2つの原子の軌道が重なり合うことにより，電子2個を収容した1つの新しい軌道（これを**分子軌道**という）が生じることであると考える。電子の波動には位相があり，同じ位相の2つの波動を重ねた場合には振幅は大きくなり，逆の位相の波動を重ねた場合には，打ち消し合い振幅は小さくなる（ゼロになる）。2つの原子核（陽子）の中間で波動の振幅が大きくなる分子軌道を**結合性分子軌道**（結合性軌道），振幅が小さくなる（ゼロになる）分子軌道を**反結合性分子軌道**（反結合性軌道）と呼ぶ。反結合性軌道では，原子核の間に電子密度がゼロになる領域が生じ，安定な結合は生成されない。H_2の水素-水素結合に沿って眺めたHの原子軌道（波動関数）とその重ね合わせにより得られる分子軌道（波動関数）を図4.8と図4.9に示す。

量子力学では，波動関数の絶対値の2乗が電子の見いだされる確率を与えることを考慮して，結合性軌道と反結合性軌道の電子密度分布を模式的に表したものが図4.10である。白丸は原子核の位置を示す。反結合性軌道では，原子核を結んだ直線とその近傍に，電子を見いだすことができない領域（これを節と呼ぶ）が存在

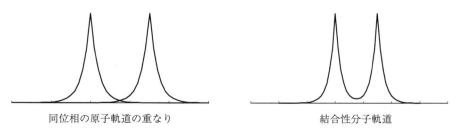

同位相の原子軌道の重なり　　　　　　　結合性分子軌道

図 4.8　水素分子の結合性分子軌道

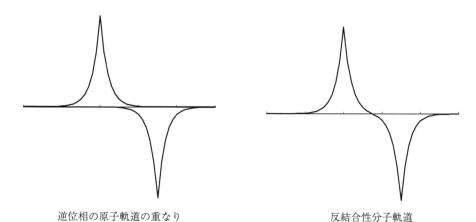

逆位相の原子軌道の重なり　　　　　　　反結合性分子軌道

図 4.9　水素分子の反結合性分子軌道

4.2 分子軌道

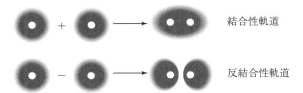

図 4.10 水素分子における電子密度分布

する。

次に，結合生成前後のエネルギーの比較を行う。結合性軌道が生成する場合はポテンシャルエネルギーが減少する領域に電子が存在し，反結合性軌道では，増大する領域に電子が存在する。したがって，軌道のエネルギーは，結合性軌道のものが反結合性軌道のものよりも低くなる。エネルギー状態図は図 4.11 のようになる。Δ は，原子軌道と結合性軌道および反結合性軌道の間のエネルギー差で，これらのエネルギー差はほぼ等しい。

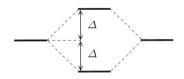

原子軌道　　分子軌道　　原子軌道

図 4.11 水素分子の分子軌道のエネルギー

水素分子の場合，分子軌道生成に用いた原子軌道は 1s 軌道であり，1s 軌道には 1 個ずつ電子が存在するので，計 2 個の電子を分子軌道に配置する。配置に際しては，原子軌道の場合と同じく次の約束に従う。

(1) 1 つの分子軌道に入る電子は最大 2 個であり，エネルギーの低い方から配置する。
(2) エネルギーが同じ軌道が複数あり，そこに 2 個の電子を配置する場合，同一軌道に 2 個入るのではなく，1 個ずつ入る。これは，炭素原子の 2p 軌道に電子を配置する場合に $2p_x^2$ とせず，$2p_x^1 2p_y^1$ としたのと同じである。

このことに従って水素分子の分子軌道に電子を配置すると，2 個の電子は，ともに結合性軌道に収容される。なお，結合性，反結合性ともに 2 つの s 軌道の重なりにより生成する分子軌道を **σ 軌道**といい，σ 軌道の電子による結合を **σ 結合**という。

結合生成前と生成後のエネルギーの大小の比較は，電子の収容されている軌道のエネルギーを比較することになる。水素原子の原子軌道と水素分子の分子軌道を比較すると，結合性分子軌道に 2 個の電子が入った方がエネルギーが 2Δ だけ低いため，共有結合を生成して分子となった方がより安定となる（図 4.12）。

上向きと下向きの矢印は，スピン磁気量子数（$m_s = \pm 1/2$）を表す。

図 4.12 水素分子における分子軌道と電子配置

例題 4.5

2つの H 原子から H_2 分子が生成する考え方を用いて，2つの He 原子から He_2 分子が生成するかを判定せよ。

解答

2個の He 原子から He_2 分子ができる際のエネルギー状態図は以下のようになる。

2つの分子軌道に4個の電子が入った場合，エネルギーの増減は相殺し，安定な分子は生成されない。

4.2.2 フッ素分子における分子軌道

水素分子で用いた考え方に従い，フッ素分子の分子軌道を考える。フッ素原子の原子軌道では，2s 軌道同士，2p 軌道同士を重ね合わせて分子軌道を作る。1s 軌道の電子は，直接結合に寄与することはないので無視する。s 軌道は球対称であるので，重ね方は1種類しかない。一方，p 軌道には軌道の広がり方に方向性があるので，2種類の重ね方が存在する。図 4.13 に示すように，1つは，軌道の広がった方向からの重ね方，もう1つは軌道の広がりに対し直角方向からの重ね方である。

水素の場合と同様に，2つの原子軌道から，2つの分子軌道（結合性軌道と反結合性軌道）が生成する。しかし，先に述べたように，p 軌道では2種類の重ね方があるため2種類の異なった分子軌道が生成し，結合の性質も異なる。そこで p 軌道の重なりのうち，軌道の広がった方向からの重なりにより生成する軌道を s 軌道同士の場合と同様に **σ 軌道**，この軌道を使った結合を **σ 結合** と呼ぶ。また，軌道の広がりに対し直角方向からの重なりにより生成する軌道を **π 軌道**，この軌道を使った結合を **π 結合** と呼ぶ。図 4.14 に，F_2 分子の原子軌道と分子軌道のエネルギー状態図を示す。ここで，反結合性軌道には＊をつけて，結合性軌道と区別している。

4.2 分子軌道

分子軸方向を z 軸とするとき, σ_2 軌道や $\sigma_2{}^*$ 軌道は $2\,\mathrm{p}_z$ 軌道同士の重ね合わせしかないが, π_1 軌道や $\pi_1{}^*$ 軌道は, $2\,\mathrm{p}_x$ 軌道同士および $2\,\mathrm{p}_y$ 軌道同士の重ね合わせが可能であり, 同じエネルギーの軌道が2つ存在する. σ_2 軌道と π_1 軌道を比較すると, σ_2 軌道の方が π_1 軌道よりエネルギーが低い状態になっている. これは, $2\,\mathrm{p}_z$ 軌道同士の重なりが大きく, より安定な結合性軌道を生成するからである. 逆に, 反結合性軌道では, 軌道の重なりが大きい $\sigma_2{}^*$ 軌道の方が $\pi_1{}^*$ 軌道より不安定になる. なお, フッ素分子が物理的に安定なのは, 図 4.14 に示すとおり, 結合性軌道に入る電子の数が反結合性軌道に入る電子よりも多いためである.

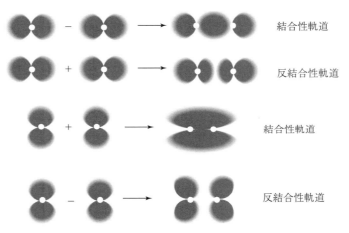

図 4.13 フッ素分子における p 軌道の重ね方と電子密度分布

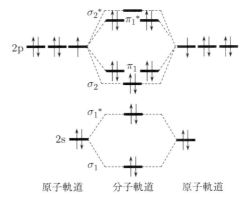

図 4.14 フッ素分子における分子軌道と電子配置

例題 4.6

分子軌道の考え方に従い，O_2分子の原子軌道と分子軌道のエネルギー状態図を示せ。

解答

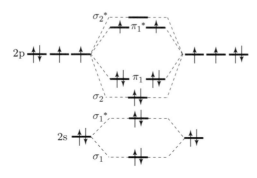

Oの原子軌道　O_2の分子軌道　Oの原子軌道

電子式の書き方に従うと，酸素原子は2個の不対電子を有するため，酸素-酸素結合は単純な二重結合になると予想される。しかし，やや難しい話になるが，これでは，酸素分子が磁石に引きつけられる性質の説明ができない（3.5節の欄外記事参照）。これを説明するには，分子軌道の考えを用いるしかない。例題4.6に示したように，2つのπ_1^*軌道に1個ずつ同じスピン磁気量子数の電子が配置されるとすると，酸素分子は2個の同じ向きの不対電子を有することになる。これが，酸素分子の磁気的性質や高い反応性の原因となる。

4.3 配位結合

2つの原子間で2個の電子を共有する結合を共有結合と呼ぶが，このような結合が生成する際，2つの原子が1個ずつ電子を出し合った後に2つの原子間でこれらの電子を共有する場合と，一方の原子が2個の電子を出した後に共有する場合がある。生成した結合はいずれも共有結合であるが，生成過程を区別して，後者を特に**配位結合**と呼ぶ。配位結合の例として，**オキソニウムイオン**（ヒドロニウムイオン）を示す。オキソニウムイオンでは，水分子（H_2O）の酸素原子上の非共有電子対がプロトン（H^+）の空の1s軌道に供与され，配位結合が生成される（図4.15）。

$$H-\overset{..}{\underset{H}{O}}: + H^+ \longrightarrow H-\overset{..}{\underset{H}{O}}^+-H$$

図 4.15　オキソニウムイオンの構造式

生成した化学種の形式電荷を計算すると，酸素原子が+1価となり，1価の陽イオンであることがわかる。

第 4 章演習問題 49

例題 4.7

アンモニウムイオンの構造式を形式電荷を含め表記せよ。

解答

アンモニウムイオンでは，アンモニア分子の窒素原子上の非共有電子対が，プロトンの空の軌道に供与されることにより配位結合が生成される。生成した化学種の形式電荷を計算すると，窒素原子が+1 価となる。

$$H-\overset{..}{\underset{\underset{H}{|}}{N}}-H \; + \; H^+ \quad \longrightarrow \quad H-\overset{\overset{H}{|}}{\underset{\underset{H}{|}}{N^+}}-H$$

4.A　静電ポテンシャルエネルギー

距離 r にある $+e$ と $-e$ の電荷の間には，k を比例定数として

$$F = -k\frac{e^2}{r^2}$$

の静電気力が働く。距離 r_0 にある 2 つの電荷間のポテンシャルエネルギーは，上式を r で積分して

$$E = -\int_{r_0}^{\infty} k\frac{e^2}{r^2}\,\mathrm{d}r = -k\frac{e^2}{r_0}$$

となる。なお，k は真空中では $1/4\pi\varepsilon_0$ で与えられる。ε_0 は真空の誘電率である。

第 4 章演習問題

問題 4.1

ホルムアルデヒド（HCHO）の構造式を記せ。非共有電子対も省略せずに記せ。

問題 4.2

一酸化二窒素の構造式は N＝N＝O と表現することができる。この場合の各原子の形式電荷を計算せよ。

問題 4.3

軌道のエネルギー状態図を用いて，水素原子とプロトンから生成する水素分子イオン H_2^+ の安定性を論ぜよ。

問題 4.4

分子軌道の考え方に従い，N_2 分子の原子軌道と分子軌道のエネルギー状態図を示せ。N_2 結合は H_2 や O_2 結合と比べて強い。その理由を考えよ。（窒素の分子軌道のエネルギーは，$\sigma_1 < \sigma_1^* < \pi_1 < \sigma_2 < \pi_1^* < \sigma_2^*$ の順になる。）

問題 4.5

亜鉛イオンを含む水溶液に少量のアンモニア水を加えると，$Zn(OH)_2$ が沈殿する。しかし，さらにアンモニア水を加えると，錯イオンが形成され沈殿が溶ける。錯イオンとは，どのような化学結合を含むイオンか。

5 共有結合分子の構造

第5章では，共有結合でつながった分子に注目し，分子の立体構造を考えていく。特に，有機化合物中で炭素原子の原子価が2価ではなく4価となる理由について考える。

5.1 電子対反発則

電子式あるいは構造式を用いることにより分子内の原子のつながりを表現することはできる。しかし，これらの構造表記では分子内の原子の3次元配置（**分子構造**）を表現することはできない。高等学校の化学でも，図5.1に示すように水分子は折れ線形，アンモニア分子は三角錐形，メタン分子は正四面体形と学ぶが，どうしてこのような構造になるかを考えてみよう。

化合物の名前	メタン	アンモニア	ホルムアルデヒド	水	窒素
構造式	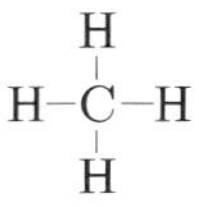 H | H–C–H | H	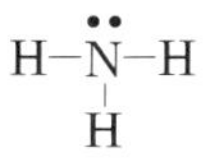 ‥ H–N–H | H	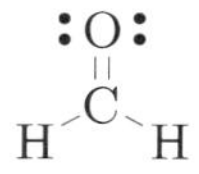 :O: ‖ C H　　H	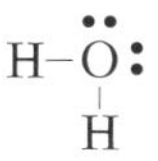 ‥ H–O: | H	 :N≡N:
分子の構造模型	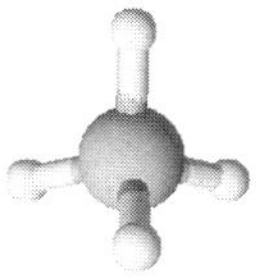		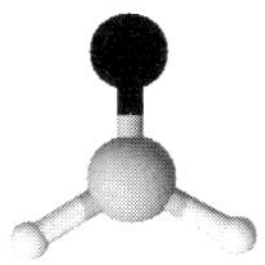		
分子の形	四面体	三角錐	三方平面	折れ線	直線

図 5.1　構造式と分子の形

電子対反発則とは，共有結合分子の形を予測するもっとも簡単な方法のひとつである。分子を内殻電子と原子核からできた剛体球が棒状の共有電子対により結合されたものとし，結合に関与しない非共有電子対も棒状に広がっていると仮定する。そして，棒状の電子対間には静電反発力（静電斥力）が働き，この反発力がもっとも小さくなるように電子対を配置することにより，分子の安定な形が決まると考える。水分子は2つの水素-酸素結合と2対の非共有電子対からできているので，この4つの電子対間の静電反発力がもっとも小さくなるような配置を考える。この場

合，酸素原子を中心にもつ正四面体の頂点方向に電子対が広がることが予想される。このうち，2つの電子対が酸素原子と水素原子との共有電子対なので，分子の形は折れ線構造となる。同様の考え方をアンモニア分子に適用すると，分子の形は水素原子の作る正三角形を底面とし，窒素原子を頂点にもつ三角錐構造となる。

例題 5.1

メタン分子は，炭素原子に4つの水素原子が共有結合した分子である。水分子，アンモニア分子の考え方に従ってメタンの分子構造が正四面体構造になることを説明せよ。

解答

メタンには結合が4つあり，結合間の静電反発力がもっとも小さくなるように3次元に配置すると，結合は炭素原子を中心に置いた正四面体の頂点方向を向くことになる。この結果，水素原子は各頂点に位置することになり，メタンは正四面体構造となる。

電子対反発則では，二重結合や三重結合も1つの負電荷を帯びた棒として考える。たとえば，二酸化炭素分子の炭素-酸素二重結合も1つの負電荷を帯びた棒と考えることにより，二酸化炭素分子は直線分子であると予測できる。

上記の規則に従って予測した分子の形を実験で求められている分子の結合の角度（**結合角**）と比較したものが図5.2である。

化合物の名前	メタン	アンモニア	ホルムアルデヒド	水
電子対反発則により予測される結合角	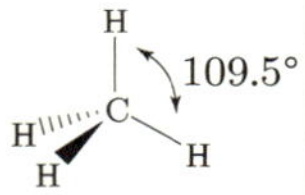 109.5°	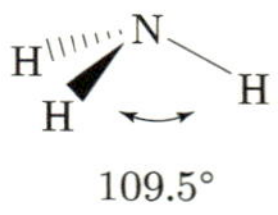 109.5°	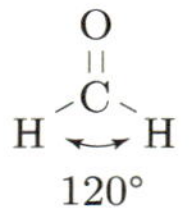 120°	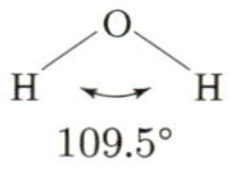 109.5°
実験により決定された結合角	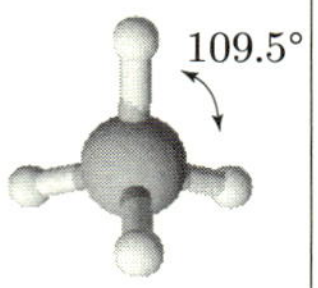 109.5°	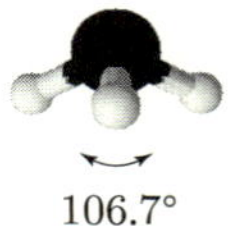 106.7°	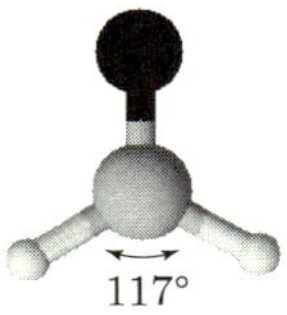 117°	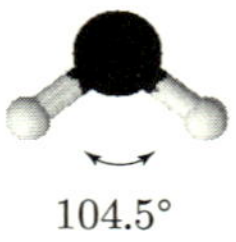 104.5°

図 5.2　電子対反発則により予想される分子の形と実験的に決定された結合角

電子対反発則によりメタン分子では正しい結合角が予測されるが，他の分子では，結合角が予測値より小さい。この原因として，アンモニアや水では4つの電子対のうち一部が非共有電子対であり，非共有電子対が共有電子対に比べ立体的に大きく広がっていることが考えられる。また，ホルムアルデヒドでも，4個の電子で構成される二重結合が2個の電子で構成される一重結合よりも広がりをもつことが考えられる。

例題 5.2

炭酸イオンは，炭素原子に 3 つの酸素原子が結合したイオンである。このイオンを形式電荷に注意して構造式で表し，電子対反発則を用いて分子の形を予測せよ。

解答

三方平面形

$$\begin{array}{c} \overset{O}{\overset{\|}{-O-C-O^-}} \end{array}$$

5.2 混成軌道

5.2.1 sp³ 混成軌道

電子対反発則でも，分子の構造をある程度予測することはできる。しかし，定量的な予測には，ここでも，電子を波動として捉える必要がある。まず，原子の電子配置をもとに水分子の形を考える。酸素原子の電子配置は，$1s^2 2s^2 2p_x^1 2p_y^2 2p_z^1$ などと書ける。このうち 1s 軌道，2s 軌道，1 つの 2p 軌道（ここでは $2p_y$ 軌道）は 2 つの電子を収容しており共有結合生成に関与できない。一方，2 つの 2p 軌道（$2p_x$ と $2p_z$ 軌道）はそれぞれ 1 つずつ電子を収容しており，この軌道と水素原子の 1s 軌道との重ね合わせにより，結合が作られる（図5.3）。2 つの酸素の 2p 軌道は直交しているため，水素-酸素-水素原子のなす角度は 90°と予想される。この値は，実験値には一致しないものの，折れ線構造となることだけは説明がつく。

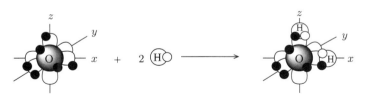

図 5.3 原子軌道を用いた水分子の形成

次に，同様の考え方で，1 つの炭素原子からなる炭化水素分子の構造を予測してみよう。炭素原子の電子配置は $1s^2 2s^2 2p_x^1 2p_z^1$ などとなり，結合に関与できる軌道は電子を 1 個だけ収容している 2 つの 2p 軌道（$2p_x$ と $2p_z$）である。この軌道と水素原子との間で結合を考えると，2 つの炭素-水素結合が生成し，結果として CH_2 という分子が生成すると予想される（図5.4）。

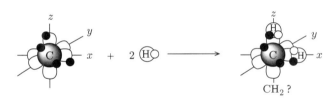

図 5.4 原子軌道を用いて表現した 1 つの炭素原子からなる炭化水素

炭素原子1つを含む炭化水素分子で，われわれの知る安定化合物はメタン（CH_4）である。メタンが自然界に豊富に存在するのに対し，CH_2 という分子はなじみが薄い。そこで，炭素原子を1つもつ炭化水素がメタンになるように一工夫してみる。炭素原子の2s軌道の2個の電子のうち1個を空の$2p_y$軌道に配置（このような操作を**昇位**という）すると，4個の不対電子をもつ原子軌道ができ，炭素-水素結合を4本生成することが可能となる。具体的に示すと，1つの2s軌道と水素原子の1s軌道との重なりによる1本の炭素-水素結合と3つの2p軌道と水素原子の1s軌道との重なりによる3本の炭素-水素結合ができる。しかし，これでは，図5.5に示すように，実際のメタンに見られる4本の等価な炭素-水素結合を説明することはできない。

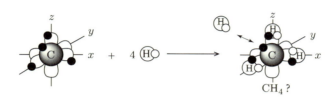

図 5.5　原子軌道を用いたメタン分子の形成

1931年，ポーリングはこの問題に対し，「分子の結合を考える場合，原子軌道をそのまま使うのではなく，最外殻の軌道を組み合わせることによって生成する新しい軌道を用いて結合を生成する」との解決策を提案した。すなわち，4つの原子軌道を組み合わせることによって生成する新しい軌道を用いて，原子間の結合を組み立てるというものである。ポーリングの提案した軌道の組合せの考え方は原子軌道を用いて数学的に誘導可能だが，ここでは得られた結果だけを用いてCH_4に適用する。CH_4の中心炭素原子の結合に関与する4つの新しい軌道は，1つの2s軌道

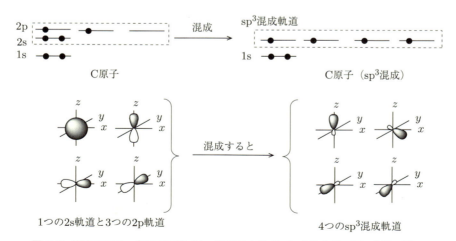

図 5.6　炭素原子のsp^3混成軌道（上：軌道エネルギーによる表記，下：軌道の形による表記）

5.2 混成軌道

と3つの2p軌道の組合せにより得られ，エネルギーは等しく，C原子の原子核を中心に置いた正四面体の頂点方向に広がった形をもつ（図5.6）。

このように，複数の原子軌道を組み合わせて結合に関与する軌道を作る操作を**混成**といい，生成した軌道を**混成軌道**という。さらに，どの軌道を用いて混成軌道を作ったかがわかるように，たとえばメタンの炭素原子の場合はs軌道と3つのp軌道から構成されているのでsp^3とつけ加え，**sp^3混成軌道**という。次に，これらsp^3混成軌道に収容される電子の配置について考える。混成に用いた炭素原子の原子軌道が収容していた電子は，2s軌道に2個，2つの2p軌道に1個ずつの計4個であった。よって，4つのsp^3混成軌道にこれら4個の電子を収容することになる。新しい軌道はエネルギーが同じなので，原子軌道の電子配置の考え方と同様，1個ずつ電子を収容することになる。これらの電子を1つずつ収容したsp^3混成軌道が4つの水素原子の1s軌道と重なることにより，4つの炭素-水素結合が生成する。sp^3混成軌道は炭素原子の原子核を中心に置いた正四面体の頂点方向に広がった形であるので，等価な炭素-水素結合の水素原子は，炭素原子の原子核を中心に置いた正四面体の頂点に位置することになる。このような考え方により，実際に存在するメタン分子を軌道の概念を使って説明することが可能となった（図5.7）。

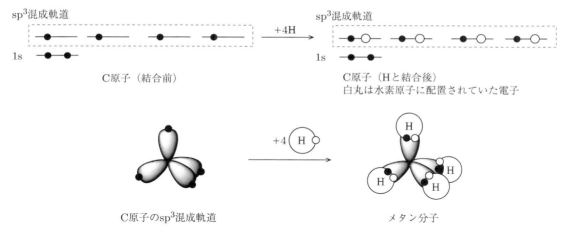

図 5.7 炭素原子のsp^3混成軌道とメタンの分子構造表示

なお，2s軌道の電子を2p軌道に昇位させることは，ポテンシャルエネルギーを増大させる。しかし，2つの新たな炭素-水素結合が形成されることにより，分子はより安定化し，CH_2とH_2の状態でいるよりもCH_4となった方が安定化する。

次に，上記の混成軌道の概念を使って，水分子の形を考えてみる。H_2O分子の酸素原子の2s軌道と3つの2p軌道を混成すると，4つのsp^3混成軌道が生成する。混成軌道に収容される総電子数は混成に用いた原子軌道の総電子数に相当するので，6個の電子を4つのsp^3混成軌道に収容することになる。この場合も，原子軌道の場合と同様にパウリの排他原理に従い，2つのsp^3混成軌道は2個の電子を収容し，残り2つのsp^3混成軌道は1個の電子を収容することになる。1個の電子を収容した2つのsp^3混成軌道が水素原子の1s軌道と重なることにより，2つの

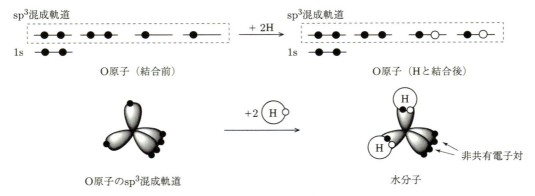

図 5.8 酸素原子の sp³ 混成軌道と水の分子構造表示

酸素-水素結合が生成する。残り2つの sp³ 混成軌道は電子を2個収容しており，結合には関与せず，非共有電子対となる（図5.8）。酸素-水素結合の2つの水素原子は酸素原子を中心とする正四面体の2つの頂点に位置し，H−O−H の結合角は 109.5° となることが予測される。この値は，実験値（104.5°）よりも大きいが，混成軌道を用いない説明での値（90°）に比べると一致はよくなっている。残る不一致は，さらに精度を上げた計算により解消できる。

例題 5.3

メタン，水分子で用いた混成軌道の考え方を使ってアンモニア分子（NH₃）の形を予測せよ。

解答

三角錐

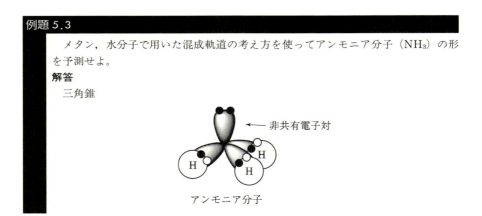

5.2.2 sp² 混成軌道

ホルムアルデヒド分子では，炭素原子と酸素原子は1つの2s軌道と2つの2p軌道からできる **sp² 混成軌道** を作る。炭素原子の原子軌道から sp² 混成軌道を作ると，図5.9のようになる。この場合，混成に関与しなかったp軌道が残るが，電子配置は以下のようになる（図5.10）。

（1） すべての混成軌道に1個ずつ電子を配置する。
（2） 電子が余っている場合は，p軌道に1個配置する。
（3） さらに電子が余っている場合は，混成軌道から対を作るように配置する。

酸素原子の sp² 混成軌道も炭素原子の場合と同様に電子を配置すると図5.11の

5.2 混成軌道

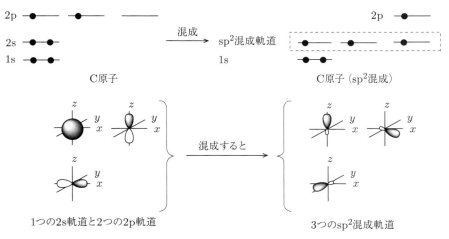

図 5.9 炭素原子の sp² 混成軌道

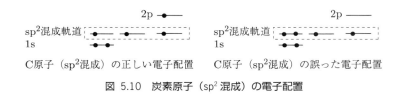

図 5.10 炭素原子（sp² 混成）の電子配置

図 5.11 酸素原子（sp² 混成）の電子配置

ようになる。炭素–酸素結合は，sp² 混成軌道同士の重なりによるものと，混成に関与しなかった p 軌道が軌道の広がりの側面から重なり合うことによるものの 2 つによって形成される。この結果，炭素–酸素**二重結合**が生成する。この場合，軌道の重なり様式の違いにより，sp² 混成軌道同士の重なりによる結合を **σ 結合**，p 軌道が側面から接近した重なりによる結合を **π 結合**と呼ぶ。また，π 結合に関与する電子のことを **π 電子**と呼ぶ。酸素との結合に関与しなかった炭素の残りの 2 つの sp² 混成軌道には水素原子の 1 s 軌道が重なり，ホルムアルデヒド分子が完成する（図 5.12）。sp² 混成は，ホルムアルデヒドのほか，エテン分子など炭素–炭素二重結合を有する分子に見られる。

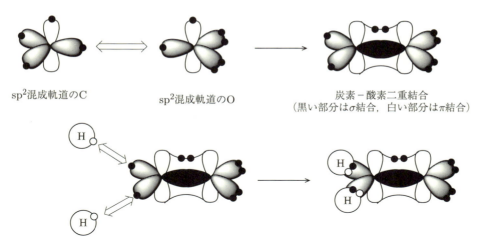

図 5.12 sp² 混成軌道を用いたホルムアルデヒドの分子構造表示

例題 5.4

混成軌道の考え方を使ってエテン分子 (C_2H_4) が平面構造となることを図示せよ。

解答

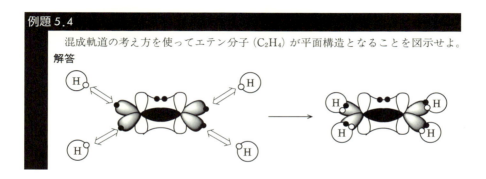

5.2.3 sp 混成軌道

窒素分子の場合には, **sp 混成軌道**により結合が形成される。窒素原子の 2s 軌道と 1 つの 2p 軌道から sp 混成軌道が作られ, この混成軌道の重なりにより σ 結合が, 混成に関与しない 2 つの 2p 軌道同士の重なりにより 2 つの π 結合が形成さ

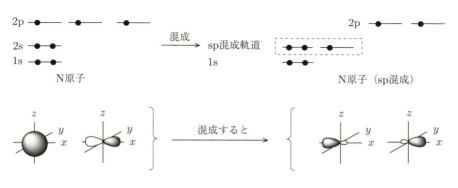

図 5.13 窒素原子の sp 混成軌道

5.3 共　鳴

sp混成軌道のN　　　　sp混成軌道のN　　　　窒素−窒素三重結合
　　　　　　　　　　　　　　　　　　　　　　（黒い部分はσ結合，白い部分はπ結合）

図 5.14　sp混成軌道を用いた窒素の分子構造表示

れ，結果的に窒素-窒素**三重結合**が形成される（図5.13，5.14）。

2つのsp混成軌道のうち結合に関与しない軌道には電子が2つ配置されており，非共有電子対となっている。sp混成軌道は，窒素分子のほか，エチン分子など炭素-炭素三重結合を有する分子に見られる。

例題 5.5

二酸化炭素分子は，2つの炭素-酸素二重結合をもつ。この分子構造を混成軌道の考え方を用いて表現せよ。

解答

炭素原子はsp混成軌道，酸素原子はsp^2混成軌道であることに注意。

5.3 共　鳴

炭酸イオンが三方平面形構造であることは電子対反発則を用いて説明ができた（例題5.2）。ここで，結合の状態を考えてみると，3つの炭素-酸素結合のうち，2つは一重結合，残り1つは二重結合である。一般に原子間の結合の長さは，一重結合＞二重結合＞三重結合の順に短くなる傾向があるので，一方の結合は，他の結合より短くなると考えられる。しかし，炭酸イオンの形を実験的に調べてみると，酸素-炭素-酸素原子の作る角度はすべて120°で，かつ3つの炭素-酸素結合はいずれも0.128 nmと同じ長さである（図5.15）。

図 5.15　炭酸イオンの構造式（左図）と実際の分子構造（右図）

では，炭酸イオンの炭素-酸素結合はどのようになっているのだろう。我々は既に高等学校の化学の中で同様の問題として，ベンゼン分子（C_6H_6）の炭素-炭素結合の長さの例に直面している。ベンゼン分子の構造式は，図5.16に示すような，正六角形の環状構造で表される。

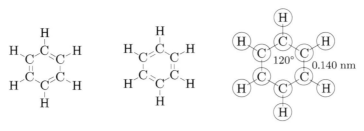

図 5.16 ベンゼンの 2 つの構造式（左および中）と実際の分子構造（右）

図 5.16 に示したベンゼンの構造（左および中）は，ケクレ構造と呼ばれる。これは1861年，ケクレが，ストーブの前でうたた寝をしていた際に見た自身の尾をかみつきながら回る蛇の夢から着想したといわれているが，その真偽については疑問の声もある。

各炭素の最外殻の電子が 8 個になるためには，六角形を作る結合は一重結合と二重結合が交互に存在する状態にならなければいけない。したがって，ベンゼンの構造式は 2 種類考えられる（2 種類の異性体という意味ではない）。しかし，実験的に明らかになっているベンゼン分子の構造では，3 つの炭素原子の作る角度はすべて 120°で，これらの炭素–炭素結合の長さはすべて同じ 0.140 nm であり，炭素–炭素一重結合（たとえばエタンでは 0.154 nm）より短く，炭素–炭素二重結合（たとえばエテンでは 0.134 nm）より長い。いわば，ベンゼンの炭素–炭素結合は 1.5 重結合といっていい特徴をもっている。構造式や電子式では電子を粒子として取り扱うため，1.5 重結合のような中間状態は表現できない。そこで，2 つの結合の中間状態を表すために，図 5.17 のように，結合の様式の異なった構造式間を ↔ の矢印で結ぶことによって，より現実に近い構造を表す。ここで，結合様式の異なった構造をそれぞれ**極限構造**と呼び，↔ の矢印で結ばれたすべてを**共鳴構造**と呼ぶ。この共鳴構造は，炭素–炭素結合には二重結合の性質と一重結合の性質が 1：1 の割合で含まれることを表し，この共鳴構造により分子の構造をより正確に表すことができる。なお，極限構造をもった分子を単独で取り出すことはできず，これは電子式の表現を満足するための仮想的なものと考えられる。

一方，軌道の概念に基づけば，以下のように極限構造を複数表記するよりも簡単な説明が可能である。ベンゼンでは 6 つの炭素原子が六角形を作るので，結合手が 3 つであることから，炭素は sp^2 混成であり，sp^2 混成軌道が重なり合うことにより分子の骨格の六角形を作る。混成に関与しない p 軌道は sp^2 混成軌道同士が重なり合う際に，p 軌道同士で重なり合う。このとき，両隣の p 軌道との位置関係が同

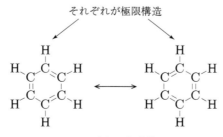

図 5.17 ベンゼンの極限構造と共鳴構造

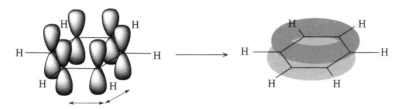

図 5.18 ベンゼンの軌道による表現

じため，同程度重なり合うことになる。つまり，右隣と左隣の p 軌道と 50% ずつの重なりが生じる。結果として，二重結合よりも p 軌道の重なりの小さな状態が実現する（図 5.18）。このように結合性軌道の電子は，分子全体に広がり隣接する原子だけでなく離れた原子をも結びつける役割を果たすことも多い。

例題 5.6

オゾン分子では 2 つの酸素-酸素結合が同じ長さであることを共鳴構造を使って説明せよ。

解答

オゾン分子は，下に示す 2 つの極限構造で示される共鳴構造を有するため。

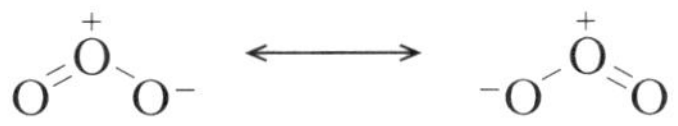

5.4 共 役 系

ベンゼンや炭酸イオンの例では，構造式を用いた場合，複数の極限構造を有する共鳴構造として分子のより正確な構造を表現した。軌道の概念を用いた場合は，各原子の p 軌道が部分的に重なり合うことによりその結合の様式を表現した。それでは，sp^2 混成軌道を有する炭素を 4 つ並べた炭化水素（ブタ-1,3-ジエン（C_4H_6），図 5.19）の場合も，極限構造が存在し共鳴構造として分子の構造をより正確に表現できるのであろうか？

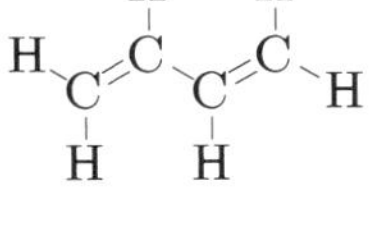

図 5.19 ブタ-1,3-ジエン

まず，極限構造が存在するかを考えてみる。ブタ-1,3-ジエンでは 1 番と 2 番の炭素間および 3 番と 4 番の炭素間に二重結合が存在する構造式が描ける。4 つの炭素は sp^2 混成であるので，π 結合を 2 番と 3 番の炭素間で作ることも可能である。しかし，2 番と 3 番の炭素間に二重結合を作ると，1 番と 4 番の炭素原子の p 軌道には不対電子が存在することになる。そのため，これらの炭素原子は貴ガス構造で

はなくなり，全体として不安定な分子構造となる。したがって，ブタ-1,3-ジエンの二重結合は1番と2番の炭素間および3番と4番の炭素間のみに存在することになり，共鳴構造により分子を表現することはできない（図5.20）。

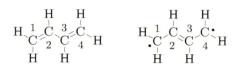

図 5.20 ブタ-1,3-ジエンの極限構造？

一方，軌道を使って考えると，2番の炭素は1番の炭素と3番の炭素の両方と，3番の炭素は2番の炭素と4番の炭素の両方と重なり合うことができるのに対し，1番の炭素は2番の炭素のみと，4番の炭素は3番の炭素のみとしか重なり合うことができない。したがって，1番の炭素と2番の炭素との間および3番の炭素と4番の炭素との間で軌道が大きく重なる。結果として，2番の炭素と3番の炭素の間はわずかに軌道が重なり合うだけである（図5.21）。結合の長さを比較すると1番と2番および3番と4番の炭素-炭素結合の長さは，0.135 nmとエテンの炭素-炭素二重結合とほとんど変わらないのに対し，2番と3番の炭素-炭素結合の長さは0.147 nmと，エタンの炭素-炭素一重結合より幾分短くなっており，p軌道間の重なりがわずかに存在することがわかる。

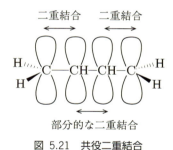

図 5.21 共役二重結合

このように，二重結合で挟まれた一重結合では，p軌道間の重なりが幾分存在することから完全な一重結合ではなくなる。このような状態を**共役**していると呼ぶ。共役は化学反応の場合に重要となるほか，有機化合物の色の原因を考える場合にも重要な役割を果たす。

例題 5.7

次の化合物（ペンタ-1,4-ジエン）の2つの二重結合は共役しているか？

$$
\begin{array}{c}
\text{(ペンタ-1,4-ジエンの構造式)} \\
H_2C{=}CH{-}CH_2{-}CH{=}CH_2
\end{array}
$$

解答

共役していない。中央の炭素は sp^3 混成軌道を有する炭素であり，二重結合を形成している隣の炭素の p 軌道との重なりがないため。

第5章演習問題

問題 5.1

正四面体角が $109.5°$ となることを証明せよ。

問題 5.2

ホルムアルデヒド分子が三方平面形となることを電子対反発則で説明せよ。

問題 5.3

クロロメタン CH_3Cl，ジクロロメタン CH_2Cl_2 および 1,2-ジクロロエタン CH_2ClCH_2Cl の炭素原子は sp^3 混成軌道を形成する。これらの分子において立体異性体は存在するか。1,2-ジクロロエタンにおいて CH_2Cl 基は自由回転はせず，$C{-}C$ 軸方向から見た場合，H 原子や Cl 原子が重なる位置に来ることはないとして解答せよ。

問題 5.4

混成軌道の考え方を使ってエチン分子（C_2H_2）の形を予測せよ。

問題 5.5

炭酸イオンの3つの炭素-酸素結合の長さが同じであることを共鳴構造の概念で説明せよ。

問題 5.6

下の炭化水素中の炭素-炭素単結合のうち，部分的な二重結合を形成しているものを丸で囲め。

6　イオン結合と水素結合

第4章と第5章では共有結合について学んだ。第6章では，もう1つの重要な結合様式であるイオン結合について学ぶ。また，分子内に電荷の偏りがある場合，分子間に引力が働く。そのような相互作用についても解説する。

6.1　イオン結合

ナトリウム原子のイオン化エネルギーは，$496\,\text{kJ}\,\text{mol}^{-1}$ である。一方，塩素原子の電子親和力は $349\,\text{kJ}\,\text{mol}^{-1}$ である。よって，Na^+ と Cl^- が無限に離れていたのでは，Na原子とCl原子のままでいた方が $147\,\text{kJ}\,\text{mol}^{-1}$ 安定である。しかし，2つのイオンが近づくことによって，ポテンシャルエネルギーの低下が起こる。たとえば，両者が $236\,\text{pm}$ まで近づくと，エネルギーは $589\,\text{kJ}\,\text{mol}^{-1}$ 安定化する。これは，Na原子のイオン化に要するエネルギーよりも大きく，分子を形成した方が安定であることがわかる。多数のイオンが集まって固体結晶となる場合には，話はこれほど単純ではないが，原子がイオンとなり，結晶化することでポテンシャルエネルギーが低下することは間違いない。このように，陽イオンと陰イオンが静電気力によって引き合って生成する結合を**イオン結合**という。また，イオン結合の結果できた結晶を**イオン結晶**という。

塩素ガスの中に加熱した金属ナトリウムを入れると，ナトリウムは塩素と激しく反応して白色の粉末を生成する。この反応は

$$Na \rightarrow Na^+ + e^-, \tag{6.1}$$

$$(1/2)\,Cl_2 + e^- \rightarrow Cl^-, \tag{6.2}$$

$$Na^+ + Cl^- \rightarrow NaCl \tag{6.3}$$

と書ける。式 (6.3) の反応を，価電子を点で表示した電子式で表すと

$$Na^+ + \overset{\displaystyle ..}{\underset{\displaystyle ..}{:Cl}}{:}^- \quad \longrightarrow \quad Na^+ \ \overset{\displaystyle ..}{\underset{\displaystyle ..}{:Cl}}{:}^-$$

となる。塩化ナトリウムの Na^+ と Cl^- の間には電子対が1つ存在しているが，この電子対はNaとClに共有されるのではなく，Clに**局在化**して（Cl側に留まって）いる。これがイオン結合の特徴である。

66   6. イオン結合と水素結合

例題 6.1

Na$^+$イオンとCl$^-$イオンは静電引力によって引きつけられるが，ある一定の距離以下に近づくことはない。その理由を説明せよ。

解答

ある程度以下の距離になると，1価の陽イオンと1価の陰イオンの相互作用とみなすことができなくなり，電子同士の反発や原子核同士の反発が無視できなくなるため。気体のNaCl分子における原子核間の距離は236 pm，固体結晶中では282 pmとなる。

6.2　共有結合性とイオン結合性

F$_2$分子などのような単体やメタンなどの炭化水素分子を例に共有結合を，NaClのようなアルカリ金属とハロゲンを例にしてイオン結合を考えてきた。F$_2$分子のような同じ元素からなる2原子分子では，結合に関与する電子対は2つの原子に等しく共有されている。一方，COでは，形式電荷というものが登場し，電荷の偏りが示唆された。HClは，共有結合としても，イオン結合としても説明することができる。HCl分子の形成は，H原子の1s軌道とCl原子の3p軌道の重なりによって説明することもできるし，H$^+$イオンとCl$^-$イオンの結合とみることもできる。実は，このような異なる元素からなる分子では，共有結合性とイオン結合性が共存するのである。話を簡単にするために2原子分子に話を限定しよう。2原子分子ABにおいて，BがAよりも電子を強く引きつける性質をもつとしよう。その場合，A：Bという共有結合とA$^+$B$^-$というイオン結合が共存する。分子の中の原子が電子を引きつける強さを表す物理量が，**電気陰性度**である。電気陰性度についてはマリケンの定義とポーリングの定義がある。

6.2.1　マリケンの電気陰性度

マリケンは，電気陰性度を第1イオン化エネルギーと電子親和力の平均値で表されるとした。原子Aおよび原子Bの第1イオン化エネルギーをI_AおよびI_B，電子親和力をA_AおよびA_Bとする。原子Bの方が原子Aより電子を引きつける力が強いとすると

$$I_A + A_A < I_B + A_B \tag{6.4}$$

となることが予想される。マリケンの定義では，電気陰性度χは式(6.5)と式(6.6)で表される。

$$\chi_A = \frac{I_A + A_A}{2}, \tag{6.5}$$

$$\chi_B = \frac{I_B + A_B}{2} \tag{6.6}$$

例題 6.2

NaとClについて，マリケンの定義した電気陰性度を計算し，どちらの電気陰性度がより大きいかを示せ。ただし，Naの第1イオン化エネルギーおよび電子親和力は4.96×10^2 kJ mol^{-1}，5.30×10^1 kJ mol^{-1}であり，Clの第1イオン化エネルギーおよび電子親和力は1.25×10^3 kJ mol^{-1}，3.49×10^2 kJ mol^{-1}である。

6.2 共有結合性とイオン結合性

解答

$$\text{Na}: 2.75\times 10^2\,\text{kJ}\,\text{mol}^{-1}$$
$$\text{Cl}: 8.00\times 10^2\,\text{kJ}\,\text{mol}^{-1}$$

6.2.2 ポーリングの電気陰性度

マリケンの電気陰性度の定義はわかりやすいが，電子親和力が正確に評価されている元素は最近まで限られていた。そこで，現在でも，結合エネルギーを用いて導出したポーリングの電気陰性度が広く用いられている。ポーリングは，ある分子ABの結合エネルギー E_{AB} が，AA の結合エネルギー E_{AA} と BB の結合エネルギー E_{BB} の平均値（通常算術平均ではなく，幾何平均をとる）より常に大きくなることに着目した。たとえば，水素分子，フッ素分子，フッ化水素分子の結合エネルギーは，それぞれ，$4.32\times 10^2\,\text{kJ}\,\text{mol}^{-1}$，$1.55\times 10^2\,\text{kJ}\,\text{mol}^{-1}$，$5.66\times 10^2\,\text{kJ}\,\text{mol}^{-1}$ である。水素分子とフッ素分子の結合エネルギーの幾何平均は $2.59\times 10^2\,\text{kJ}\,\text{mol}^{-1}$ となり，フッ化水素分子の結合エネルギーより小さくなっている。この理由は，AB 結合間に電子の偏りがあり，AとBは電荷を帯びており，結合エネルギーには正電荷と負電荷間の静電引力の影響も含まれているからだと考えられる。さらに，この静電引力は電子がより強く一方の原子に引きつけられるほど大きくなる。そこで，ポーリングは，2つの異なった原子間で電子を引きつける能力を電気陰性度とし，結合エネルギーとの間に式(6.7)の関係があるとした。

$$|\chi_A - \chi_B| = \{E_{AB} - (E_{AA}E_{BB})^{1/2}\}^{1/2} \tag{6.7}$$

ただし，E_{AB} などの単位には eV を用い，電気陰性度の単位は $\text{eV}^{1/2}$ としている（eV の定義は巻末の付録参照）。また，絶対値を決めるため，$\chi_H = 2.1\,\text{eV}^{1/2}$ とした。多くの元素に対して整合性をとるために若干の補正を加えた値を表6.1にまとめる。ポーリングの電気陰性度（χ_P）がエネルギーの平方根の次元を有するのに対

> 酸素はフッ素に次ぐ大きな電気陰性度をもつ。これは酸素が電子を受け入れやすく強い酸化作用を示すことを意味する。また，酸素を含む分子においては電荷の偏りが生じやすい。これが水やアルコールにおける強い水素結合（6.3節参照）の原因となる。さらに，この分子内の電荷の偏りは，化学反応過程の経路や反応生成物を決める要因ともなる。

表 6.1 ポーリングの電気陰性度 ($\text{eV}^{1/2}$)

H 2.1							
Li 1.0	Be 1.5	B 2.0		C 2.5	N 3.0	O 3.5	F 4.0
Na 0.9	Mg 1.2	Al 1.5		Si 1.8	P 2.1	S 2.5	Cl 3.0
K 0.8	Ca 1.0	Sc 1.3	Ti–Ga 1.7±0.2	Ge 1.8	As 2.0	Se 2.4	Br 2.8
Rb 0.8	Sr 1.0	Y 1.2	Zr–In 1.8±0.4	Sn 1.8	Sb 1.9	Te 2.1	I 2.5
Cs 0.7	Ba 0.9	La–Lu 1.2±0.1	Hf–Tl 1.9±0.6	Pb 1.8	Bi 1.9	Po 2.0	At 2.2
Fr 0.7	Ra 0.9	Ac 1.1	Th→ 1.5±0.2				

して，マリケンの電気陰性度（χ_M）はエネルギーの次元を有する。χ_P と χ_M の間には $\chi_M/\text{eV} \approx 2.8\chi_P/\text{eV}^{1/2}$ なる比例関係が成り立つ。

例題 6.3

フッ素の電気陰性度をマリケンの定義に従って求めた後，ポーリングの電気陰性度に換算し，表 6.1 の値と比較せよ。ただし，フッ素のイオン化エネルギー，電子親和力をそれぞれ 1681 kJ mol^{-1}，328 kJ mol^{-1} とする。

解答

マリケンの電気陰性度：$\chi_M = 1005$ kJ mol^{-1} = 10.41 eV
ポーリングの電気陰性度：$\chi_P = 3.7$ eV$^{1/2}$
表 6.1 の値よりやや小さめの値となっているが，ほぼ一致している。

6.2.3 極性共有結合

フッ化水素分子のように電気陰性度に差がある原子間の結合では，電気陰性度の大きな原子の方へ電子対が引き寄せられる。結果として，電気陰性度の大きい原子が負電荷を帯び，小さな原子が正電荷を帯びることになる。しかし，その移動する電荷の大きさは電子1個分よりは小さい。この電荷の大きさ δ は，2原子分子の場合，実験により得られる分子の**双極子モーメント**（厳密には永久電気双極子モーメント）μ と2つの原子核間の距離（**結合距離**）r を用いて計算することができる。双極子モーメント μ とは，電気陰性度の違いに由来して誘起される原子のもつ電荷 δ と結合距離 r の積 δr で定義される量である。図 6.1 にフッ化水素分子の双極子モーメントを示す。双極子モーメントの向きを矢印で表している。

図 6.1 HF 分子の双極子モーメント

フッ化水素分子の場合，μ は 6.09×10^{-30} C m，r は 91.7 pm と実験から求められているので，δ は $6.09 \times 10^{-30}/91.7 \times 10^{-12} = 6.64 \times 10^{-20}$ C となる。電子1個の電荷の大きさは電気素量の 1.60×10^{-19} C であるので，$6.64 \times 10^{-20}/1.60 \times 10^{-19}$ = 0.415 より，水素原子は +0.415 価になっていることがわかる。言い換えると，HF 分子は 41.5% のイオン結合性と 58.5% の共有結合性をもつといえる。同様な計算は，他の2原子分子でも可能で，CO の場合には，イオン結合性が 1.8%，共有結合性が 98.2% になる。このような双極子モーメントをもつ分子は**極性分子**と呼ばれる。一方，H_2 や N_2 のような同じ元素からなる2原子分子は双極子モーメントをもたず，**無極性分子**と呼ばれる。

3原子分子の場合は，分子全体の双極子モーメントは，個々の結合の双極子モーメントのベクトル和となる。直線分子である CO_2 は，2つの CO 結合の双極子モーメントが相殺するため無極性分子となる。一方，H_2O は図 6.2 に示すような折れ

CO では，電気陰性度の差による電荷移動と形式電荷が相殺するためイオン結合性が小さい。

6.3 水素結合

図 6.2 H₂O 分子の双極子モーメント

線構造であるため，2つのOH結合の双極子モーメントは相殺せず極性分子となる。双極子モーメントの測定値から水素原子の電荷の大きさは 5.28×10^{-20} C であり，+0.33価になっていることがわかる。

例題 6.4

塩化水素分子上の水素原子の帯びる電荷の大きさを電気素量を単位として符号とともに示せ。ただし，塩素-水素間の結合距離は 127.5 pm，塩化水素分子の双極子モーメントは 3.70×10^{-30} C m とする。

解答

+0.181

この値は，0.5よりも小さく，共有結合性の方がイオン結合性よりも強いことを表している。

6.3 水 素 結 合

水分子やフッ化水素分子は電気陰性度の違いから，大きな双極子モーメントをもつ。2つの双極子は，離れていれば互いに電気的に中性なので，引力は働かないが，近づくと正に帯電した部分と負に帯電した部分の間に静電引力が働く。このような，水素を含む分子の双極子同士の相互作用による結合を**水素結合**と呼ぶ。図6.3にフッ化水素分子と水分子の水素結合の様子を示す。図は簡単のため2次元で描いているが，実際には3次元的構造をもつ。水素結合のエネルギーは $10 \, \text{kJ mol}^{-1}$ 程度で，共有結合やイオン結合に比べるとはるかに弱いが，この水素結合のため，水

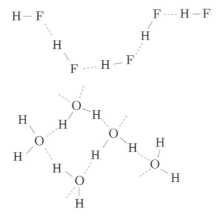

図 6.3 HF と H₂O 分子における水素結合

の沸点や融点は高くなり，また，水が氷になる際には体積が増大するというような，水特有の特徴が出現する。また，水素結合は，低分子化合物だけでなく，合成高分子内やタンパク質，DNA などの生体高分子内にも存在し，高分子化合物の立体構造を作る要因となっている。

最後に，水素結合と配位結合の違いを考えておこう。配位結合の代表であるオキソニウムイオンでは，水分子の酸素原子上の非共有電子対によってプロトンとの間に配位結合が生成する。

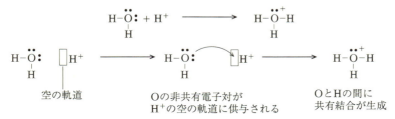

このような配位結合では，分子上の非共有電子対が空の軌道に供与されている。言い換えると，配位結合は，ある原子の負電荷の豊富な部分と別の原子の正電荷の豊富な部分との間の相互作用であり，結果として共有結合になる。水素結合の生成も同様な考え方を使うことができるが，共有結合とはならないことに注意する必要がある。

例題 6.5

HCl 分子でも水素結合は起こると考えられるか。

解答

HCl 分子の双極子モーメントは 3.70×10^{-30} C m で，HF 分子の 6.09×10^{-30} C m や H_2O 分子の 6.19×10^{-30} C m に比べるとかなり小さい。よって，まったくないとはいえないが，あまり顕著ではなく，6.4 節で述べるファンデルワールス結合に分類される場合が多い。

6.4 ファンデルワールス結合

水素結合のような大きな分子間相互作用が期待できないような分子の間にも**ファンデルワールス力**と呼ばれる力が働く。この力が存在するからこそ，窒素やメタンのような極性をもたない気体も温度を下げれば液体や固体となる。ファンデルワールス力の起源となる相互作用は，「双極子-双極子相互作用」，「双極子-誘起双極子相互作用」，「分散相互作用（誘起双極子-誘起双極子相互作用）」に分類される。なお，水素結合による結合力とファンデルワールス力を合わせて**分子間力**という。

双極子-双極子相互作用は極性分子間に働く相互作用である。極性分子では，双極子モーメントが常に存在するので，これを永久双極子と呼ぶ。図 6.4 に示すように，永久双極子の向きの違いにより引力あるいは反発力として働く。詳しい計算によると，この相互作用のポテンシャルエネルギーは距離の 6 乗に反比例することが示される。

無極性分子内では，正電荷分布の重心と負電荷分布の重心との間に偏りはないた

6.4 ファンデルワールス結合

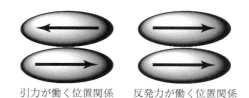

図 6.4 双極子−双極子相互作用

め，永久双極子は存在しない。しかし，外部電場を印加すると，その強さに応じて分子内の電子分布に偏りが生じ，双極子が誘起される。このような双極子を**誘起双極子**という。誘起双極子と外部電場とは比例関係にあり，この比例定数を**分極率**と呼ぶ。永久双極子をもつ極性分子が接近すると，無極性分子のまわりに電場勾配が発生するため，双極子が誘起される。図 6.5 に，**双極子−誘起双極子相互作用**を模式的に示す。楕円が永久双極子をもつ極性分子で，丸が無極性分子を表す。双極子−誘起双極子相互作用のポテンシャルエネルギーも距離の 6 乗に反比例する。

図 6.5 双極子−誘起双極子相互作用

無極性分子内では，時間平均をとれば，正電荷分布の重心と負電荷分布の重心との間に偏りはない。しかし，ある瞬間に限定すれば，電子分布に偏りが生じ双極子が発生することがある。ある分子内で双極子が発生したとき，たまたま近傍に別の分子が存在すると，双極子が誘起され分子間に引力が働く。このような相互作用を**分散相互作用**（**誘起双極子−誘起双極子相互作用**）といい，働く力を**ロンドン力**という。ロンドン力によるポテンシャルエネルギーも距離の 6 乗に反比例する。

以上のファンデルワールス力に起因する相互作用のポテンシャルエネルギーは，いずれも距離の 6 乗に反比例する。イオン結合のエネルギーが距離に反比例することと比べると，非常に近い距離でしか働かない相互作用であることがわかる。

例題 6.6

分子式 C_nH_{2n+2}（n は自然数）で表される炭化水素をアルカン（鎖式飽和炭化水素）と呼び，いずれも大きな永久双極子モーメントはもたない。n が増大すると，その融点や沸点はどのように変化するか，その理由とともに述べよ。

解答

n の増大とともに融点と沸点はともに上昇する。無極性分子に働く分子間力（ロンドン力）は，分子量（電子の数）とともに増大するため。

第6章演習問題

問題 6.1
F, Cl, Br および I について,マリケンの電気陰性度を計算し,得られた数値の意味を考えよ。ただし,F, Cl, Br および I の第1イオン化エネルギー(単位:eV)は 17.422, 12.967, 11.814 および 10.451,電子親和力(単位:eV)は 3.401, 3.613, 3.364 および 3.059 とする。

問題 6.2
HF, HBr, HI の双極子モーメント(単位:10^{-30} C m)を 6.1, 2.6, 1.3,結合距離(単位:10^{-10} m)を 0.92, 1.41, 1.61 として,それぞれのイオン結合性を求めよ。

問題 6.3
1-プロパノール C_3H_7OH とメチルエチルエーテル $CH_3OC_2H_5$ の蒸発熱はそれぞれ,41.8 kJ mol^{-1},24.7 kJ mol^{-1} である。この違いはどこから来るのであろうか。

問題 6.4
下図に,14族,15族,16族および17族の水素化物の分子量と沸点との関係を示す。この図から何が読み取れるか。

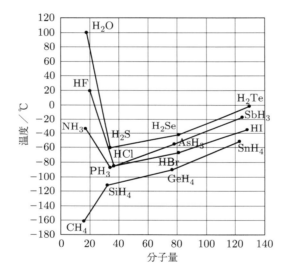

問題 6.5
2つの酢酸分子は2か所で分子間の水素結合を形成する。水素結合の様子を図示せよ。

問題 6.6
水には,比熱容量が大きい,固体になると体積が増えるなどの特徴がある。これ以外の特徴を列挙してみよ(これらの特徴は水素結合の大きさに由来する)。

7 固体の化学

物質の集合状態の1つで、一定値以上の外力が加わらない限り一定の形を保つものを固体という。固体の中で、構成粒子が規則正しく配列し、その配列が3次元的な繰り返しでできているものが結晶である。結晶は、構成粒子の結合様式によって、金属結晶、イオン結晶、共有結合結晶、分子結晶に分類される。第7章では、結晶構造の基礎について説明してから、これら4種類の結晶について概観する。

7.1 結晶構造

結晶では、構成粒子が空間的に規則正しく繰り返し配列されている。繰り返し単位となる平行六面体を**単位胞**または**単位格子**という。また、平行六面体の頂点にあたる点を**格子点**と呼び、格子点の集合を**空間格子**という。

7.1.1 ブラベ格子

図7.1に示すように、単位胞の形は平行六面体の3つの辺の長さ a, b, c とそれぞれのなす角 α, β, γ で決まる。これらを**格子定数**という。格子定数の組合せに応じて平行六面体を分類すると、単位胞は7種類の**結晶系**(三斜晶、単斜晶、斜方晶、六方晶、三方晶、正方晶、立方晶)に分類される。また、単位胞は格子点の配列パターンに応じて単純格子、体心格子、底心格子、面心格子の4種類に分類される。ただし、重複があるため7種類の結晶系と4種類のパターンのすべての組合せ(28種類)があるわけではなく、現実の結晶の空間格子は**ブラベ格子**と呼ばれる14種類に限られる。

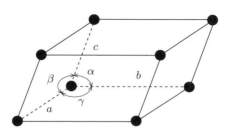

図 7.1 単位胞と格子定数

例題7.1

面心立方格子構造の単位胞を図7.2に示す。この中に含まれる構成粒子の数を示せ。

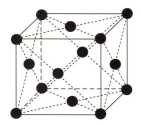

図 7.2 面心立方格子構造の単位胞

解答

立方体の各頂点にある8つの粒子は8つの単位胞に共有されているので、頂点の粒子は $8 \times (1/8) = 1$ つ。各面心にある6つの粒子は2つの単位胞に共有されているので、面心の粒子は $6 \times (1/2) = 3$ つ。したがって、合計4つ。

7.1.2 最密充塡

構成粒子がすべて同じ大きさの球で、最近接粒子間でのみ相互に力が働くような場合、構成粒子は**最密充塡**という様式の空間配置をとる。

構成粒子を平面状に最も密に配列する方法は図7.3(a)に示すような1通りしかない。各粒子は6個の他の粒子と接触している。これを第1層として、その上に同種の粒子を積み重ねる。この際、もっとも隙間が少なくなる配置は、図7.3(b)に示すような第1層のくぼみの上に重ねるものである。第3層の重ね方は2通りある。第2層のくぼみの位置は、第1層の粒子の真上の位置とそうでない位置がある。前者のくぼみの上に置いた場合、第3層の粒子は第1層の粒子の真上に来る。この構造を**六方最密充塡**と呼ぶ。この場合、第1層の配列をA、第2層の配列をBと表現すると、ABABの繰り返し構造となる。一方、第3層を第1層の粒子の真上ではない第2層のくぼみの位置に配置した場合の構造を図7.3(c)に示す。この場合、第1層の粒子の真上に来るのは、第3層の粒子ではなく第4層の粒子となる。すなわち、第1層の配列をA、第2層の配列をB、第3層の配列をCと表現すると、ABCABCの繰り返し構造となる。この構造を**立方最密充塡**と呼ぶ。いずれの場合も全空間に対して粒子の占める割合は74%となる（演習問題7.2）。

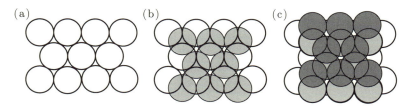

図 7.3 第1層の配置(a)、最密充塡となる第2層の配置(b)、立方最密充塡となる第3層の配置(c)

7.2 金属結晶

ここで，立方最密充塡構造を別の角度から見てみよう。図7.4(a)の白丸が第1層で，色が濃くなる順に第2層，第3層となる。これは，図7.2に掲げた**面心立方格子**と同じ構造をしている。一方，六方最密充塡構造は，図7.4(b)のように正六角柱の頂点と底面の中心および，その内部に3個の粒子を含むものとなる。

第1層を構成する粒子の真上に第2層の粒子を配置した場合，粒子をすべて同じ大きさの球としたのでは最密充塡構造ではなくなる。しかし，アルカリ金属の結晶などでは，このような**体心立方格子**構造と呼ばれる配置がとられる。図7.5に構造を示す。この充塡方式では，粒子をすべて同じ大きさの球とした場合に粒子が占める空間容積は全体の68%となる。

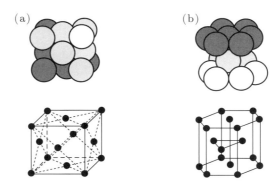

図 7.4 立方最密充塡構造(a)と六方最密充塡構造(b)

 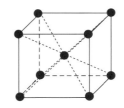

図 7.5 体心立方格子構造

例題7.2

六方最密充塡構造と体心立方格子構造では，単位胞中にそれぞれいくつの粒子が含まれるか。六方最密充塡構造の単位胞は図7.4(b)（正六角柱）の3分の1の菱形を底面とする四角柱である。

解答
ともに2つ

7.2 金属結晶

金属原子が規則正しく配列してできた結晶を**金属結晶**という。金属の結晶は，水晶やミョウバンの結晶のように肉眼で確認することは難しいが，X線を使って調べると，ほとんどの金属は微小な結晶の集まりであることがわかる。金属の最大の

特徴は電気伝導性と熱伝導性に優れていることである。それは，金属には自由に動ける電子（**自由電子**）が存在するためである。ここでは，まず金属結合を理解するためのモデルを紹介し，次にこれらのモデルによって金属の特性がどのように説明できるかを考える。

金属結合を理解するためのモデルには**自由電子モデル**と**バンドモデル**がある。自由電子モデルは，格子点を金属の陽イオンが占め，その隙間に電子が存在しているというモデルである。たとえば，金属ナトリウムでは，Na$^+$が図7.6のように規則正しく配列して格子点を占める一方，3s軌道の電子は，一定の場所にとどまらず，Na$^+$間を自由に動き回っていると考える。自由電子モデルでは，陽イオンと自由電子との間に働く静電引力により金属原子が結びつけられると考える。

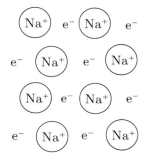

図 7.6 自由電子モデルによる金属結合の模式図

バンドモデルでは，4.2節で解説した分子軌道の取り扱いを，多数（たとえば，1 mol程度）の原子集団にまで拡張する。[Ne]3s^{1}の電子配置をとるナトリウム原子が2個接近すると，それぞれの3s原子軌道から結合性σ_{3s}分子軌道と反結合性σ^*_{3s}分子軌道が生成する。図7.7に示すように，2個の3s電子はσ_{3s}分子軌道に対になって入りエネルギーが安定化される。このようにして，Na–Na結合が生成する。Na原子の数が8つになった場合を図7.8に示す。エネルギー準位がわずかに異なる4つの結合性軌道と4つの反結合性軌道が生成する。8個の価電子はすべてエネルギーの低い結合性軌道に入る。ナトリウム原子の数が1 mol程度まで大きくなると，エネルギー準位はもはやとびとびではなく，連続したある幅をもった**エ**

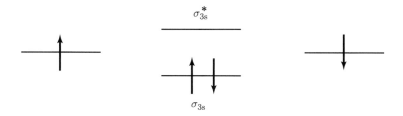

図 7.7 2個のナトリウム原子からの分子軌道の生成

7.2 金属結晶

Na では，3s 軌道から生成する反結合性軌道が空席であり，この空の軌道を経由して電子が移動する。Mg の場合，3s 軌道のみを考えれば分子軌道はすべて満席となり，電子はすし詰め状態となってしまうが，実際には近接する 3p 軌道から生成する空の分子軌道が重なるため，電子はその軌道を経由して移動することができる。

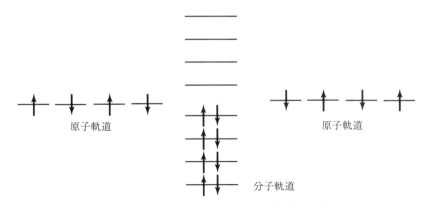

図 7.8　8 個のナトリウム原子からの分子軌道の生成

高温超伝導体

金属の最大の特徴の 1 つは電気伝導率が高いことである。電気伝導率は温度の低下とともに上がり，絶対零度付近では多くの金属が超伝導状態（電気抵抗がゼロ）となる。しかし，20 K 以上で超伝導を示す金属は知られていない。一方，常温では，あまり電気伝導率の高くない金属酸化物（$YBa_2Cu_3O_7$ など）が 90 K 付近まで超伝導を示すことが 1980 年代に発見され，それまでの常識を覆した。

ネルギー帯（**エネルギーバンド**）とみなせるようになる。金属の場合は，これらのエネルギー帯は連続しており，結晶内を電子は自由に移動することができる。

自由電子モデルを用いると，金属の高い電気伝導性，高い熱伝導性，高い光反射率は以下のように説明できる。金属では，図 7.6 のように陽イオンが格子点を占め，自由電子は陽イオンの間を不規則に動き回っている。ここで，外部から電場をかけると，陽イオンと衝突しながらも自由電子は低電位部から高電位部へ移動するので，金属は高い電気伝導性を示すことになる。また，温度が上昇すると陽イオンの熱振動が活発化する。それに応じて陽イオンと自由電子の衝突頻度が大きくなって電子の移動が妨げられるので，温度が高くなると金属の電気抵抗は増大する。

金属の一部を加熱すると自由電子の運動エネルギーが大きくなる。自由電子は金属内を自由に動き回れるので，これによって速やかに熱が伝わる。7.3 節，7.4 節で登場するイオン結晶や共有結合結晶では，このような自由電子は存在せず，ダイヤモンドのような例外（7.4 節参照）はあるが，一般に熱伝導率は低い。

金属の表面に光が当たると，自由電子は，いったんエネルギーを吸収するが，すぐに再び光を発してもとの状態に戻る。そのため，ほとんどの金属は，光の反射率が高く，銀白色の金属光沢を示す。例外は，銅と金である。銅は 0.6 μm より短い波長の光を吸収するため赤銅色に見える。金が黄金色に見えるのは，0.5 μm より短い波長の光を吸収するためである。また，容易に光電効果が観測されるのも自由電子が存在するからである。

多くの金属は，六方最密充填構造，立方最密充填構造（面心立方格子構造），体心立方格子構造のいずれかに近い結晶構造をとる。たとえば，マグネシウムや亜鉛は六方最密充填構造，アルミニウムや銅は立方最密充填構造，ナトリウムや鉄は体心立方格子構造をとる。

例題 7.3

金属の特性には，弾性限界を超えた外力によって金属が箔に拡げられる性質（**展性**）および線に延伸できる性質（**延性**）がある。金属がこのような性質を備えている要因について述べよ。

■ **解答**
自由電子の存在により金属結合には方向性がない。それゆえに，外力が加わっても電子が移動して破壊を食い止めるので，破壊されずに金属はどのようにも変形することができる。

7.3 イオン結晶

イオン結晶では，陽イオンと陰イオンの間に働く強い静電引力によって結晶が成り立つ。安定な結晶では，異符号のイオン間の引力が最大となり，同符号のイオン間の反発力が最小となる位置が格子点となる。そのため，金属結晶に比べて

（1） 硬く，展性や延性がない。限界を超えた外力を加えると同符号のイオンが近接するようになり，その反発力で変形ではなく破壊が起こる。

（2） 自由電子が存在しないため，電気伝導性はほとんどなく，また，光の反射率は低い。

といった特徴がある。

イオン結晶では，一般に陰イオンの方が陽イオンより大きいことが多い。図7.9に示すような陰イオンが作る隙間に陽イオンが収容されるような配列を考えると，イオンの大きさのバランスによって，安定な結晶構造が決まることがわかる。たとえば，図7.9(c)のように，陽イオンが極端に小さいと，図7.9(d)のように，より少数の陰イオンに囲まれた構造の方がイオン間の距離が小さくなり安定化する。このような陽イオンを取り囲む陰イオンの数（あるいは陰イオンを取り囲む陽イオンの数）を**配位数**という。配位数は，陽イオン半径と陰イオン半径の比（**イオン半径比**）によって決まる。

図7.9では，簡単のため，2次元で考えたが，実際のイオンの配列は3次元で考えなければならない。陰イオンを最密充填（立方最密でも六方最密でも同じ）させた場合，図7.10に示すように，陰イオンが作る隙間には，白丸で示したような4つの陰イオンによって囲まれる隙間（四面体の中心にできる隙間）と黒丸で示した6つの陰イオンによって囲まれる隙間（八面体の中心にできる隙間）がある。当然，八面体の作る隙間の方が空孔体積は大きい。よって，イオン半径比が小さい場合（イオン半径比<0.414），陽イオンは四面体の隙間に入る。この場合の配位数は4である。陽イオンが，ある程度大きくなる（0.414<イオン半径比<0.732）と八面体の隙間の中に入るようになり，配位数は6となる。イオン半径比がさらに大き

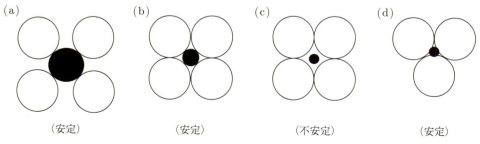

図 7.9 陰イオン（白丸）の隙間への陽イオン（黒丸）の収容

7.3 イオン結晶

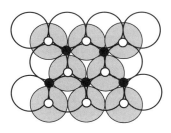

図 7.10 四面体の隙間（○）と八面体の隙間（●）

CsCl型結晶
○ Cs⁺
● Cl⁻

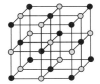

NaCl型結晶
○ Na⁺
● Cl⁻

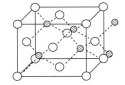

閃亜鉛鉱型結晶（S^{2-}が立方最密充填構造）

◎ Zn^{2+}
○ S^{2-}

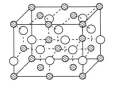

ウルツ鉱型結晶（S^{2-}が六方最密充填構造）

◎ Zn^{2+}
○ S^{2-}

図 7.11 代表的なイオン結晶の単位胞

表 7.1 イオン結晶の配位数とイオン半径比

イオン結晶	配位数	イオン半径比
CsCl	8	0.93
NaCl	6	0.69
ZnS（閃亜鉛鉱）	4	0.40
ZnS（ウルツ鉱）	4	0.40

くなる（イオン半径比＞0.732）と陰イオンが最密充填されることはなくなり，立方体の中心の隙間に陽イオンを収容するような構造が安定になり，配位数は8となる。この場合が，図7.5に示した体心立方格子構造である。なお，配位数が4から6に変わる限界のイオン半径比0.414を八面体配位の**限界半径比**と呼ぶ（演習問題7.3）。図7.11に代表的なイオン結晶の単位胞を，表7.1にその配位数とイオン半径比を示す。

例題7.4

CaF_2の結晶では，イオン半径比は四面体配位の限界である0.732よりも大きいが，F^-の配位数は8ではなく4である。その理由を述べよ。

解答

F^-はCa^{2+}の2倍あるので，Ca^{2+}の配位数は8となるが，F^-の配位数は4となる。

7.4 共有結合結晶

原子間の共有結合によって作られる結晶を**共有結合結晶**という。共有結合結晶は結晶全体が共有結合でできた1つの巨大分子とされることもある。

共有結合結晶の代表的な例はダイヤモンドで，各炭素原子はsp^3混成軌道によるσ結合で4個の炭素原子により正四面体型に取り囲まれ，これが3次元的に繰り返されている（図7.12）。したがって，その単位胞は図7.11の閃亜鉛鉱の格子点をすべて炭素原子に置き換えたものと同じである。炭素原子間の結合距離と結合角はすべて同じで，それぞれ0.154 nm，正四面体角（109.5°）である。あらゆる方向に強い共有結合で炭素原子が連なっているため，ダイヤモンドは変形しにくくきわめて硬い。また移動可能な電子がないので電気伝導性はない。一方，特筆すべきことは，ダイヤモンドの熱伝導性の良さである。熱伝導率で比較すると，金属の中でも特に熱伝導性に優れる銀の4.2×10^2 W m^{-1} K^{-1} に対してダイヤモンドは2×10^3 W m^{-1} K^{-1} である。ダイヤモンドは欠陥がない規則正しい結晶構造のために格子振動によって熱が伝わりやすく，自由電子に起因する金属の熱伝導を凌ぐほどになる特異な例である。

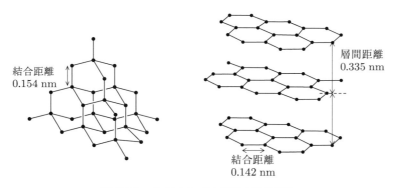

図 7.12 ダイヤモンドと黒鉛の結晶構造

7.5 分子結晶

ダイヤモンドの同素体である黒鉛（グラファイト）では，各炭素原子は sp² 混成軌道による σ 結合で 3 つの炭素原子により正三角形型に取り囲まれ，6 つの炭素原子からなる正六角形網目状の面が層状に配列している（図 7.12）。炭素原子間の結合距離はダイヤモンドよりも短く 0.142 nm である。これは sp² 混成軌道に関わっていない p 軌道にある 1 個の価電子が，ベンゼン類似の π 電子による共役系を形成するためである。この電子が網目状の層内を自由に移動できるので，黒鉛には電気伝導性がある。層間距離は 0.335 nm で，層間は弱いファンデルワールス力で結びつけられている。このため，黒鉛は薄くはがれやすい。このような特性を活かして，機械的摩耗部分の潤滑材やリチウムイオン電池などの負極として利用されている。

フラーレン，カーボンナノチューブと呼ばれる炭素の新しい同素体が 20 世紀の末に相次いで発見された（図 7.13）。これらは，sp² 混成軌道の炭素が球状もしくは筒状の分子を形成したものである。フラーレン C_{60} は 60 個の炭素原子からなるサッカーボール状の 32 面体型の分子で，内部にアルカリ金属あるいはアルカリ土類金属を取り込むと，超伝導物質になる。カーボンナノチューブは，ミリメートルの長さに達するものも作製されており，電子放出源など電子デバイスへの応用が期待されている。

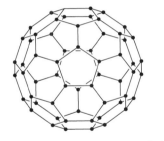
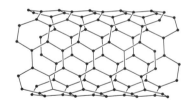

図 7.13　炭素数 60 のフラーレン（左）と単層ナノチューブ（右）（黒点は炭素原子）

例題 7.5

ダイヤモンド型の結晶構造をもつものの例を挙げよ。

解答

単体では炭素と同じ 14 族元素のケイ素，ゲルマニウム。二成分化合物では炭化ケイ素 SiC や窒化ホウ素 BN など。

7.5　分子結晶

分子が単位となって，ファンデルワールス力などの分子間力により形成される結晶を**分子結晶**という。単原子分子の貴ガス，無機分子のハロゲンや CO_2，有機分子のナフタレンなどの結晶はいずれも分子結晶である。分子間力は静電気力（クーロン力）や共有結合力よりはるかに弱いので，分子結晶は一般に軟らかい。また，分子結晶の融点は低く，ヨウ素やナフタレンのように昇華しやすいものが多い。

例題7.6

F₂, Cl₂, Br₂, I₂のうちでI₂の融点がもっとも高い。その理由を述べよ。

ヒント

ハロゲン分子間に働くファンデルワールス力は主としてロンドン力である。

7.6 半導体

電気伝導性に従うと、固体は**導体**、**半導体**、**絶縁体**に分類される。導体の代表例は金属であり、温度の上昇とともに電気伝導性は減少する。半導体の電気伝導性は金属よりは低いが、温度の上昇とともに増大する。絶縁体は電気伝導性を示さない。

7.6.1 真性半導体

不純物をほとんど含まない単体からなる半導体を**真性半導体**といい、単体のシリコン（ケイ素）やゲルマニウムがこれに該当する。多くの半導体デバイスでは11N（99.999999999％）程度の純度のものが使用される。シリコンの結晶では、隣り合ったsp³混成軌道のシリコン原子同士がσ結合を形成し、図7.12に示したダイヤモンドと同じような正四面体構造をとる。半導体の場合、金属とは異なり、エネルギー帯に不連続な部分が発生する。すなわち、エネルギーの低い**価電子帯**とエネルギーの高い**伝導帯**との間に、電子の存在できない**禁制帯（バンドギャップ）**が存在する。低い温度では、価電子帯は電子で充満される一方、伝導帯には電子は存在しない。価電子帯の電子は、パウリの排他原理から他の原子の軌道へ移動することは許されず、電圧をかけても電流は流れない。しかし、ある程度温度が上がると、一部の電子は熱運動のエネルギーを得て、価電子帯を飛び出し、伝導帯に遷移する。伝導帯に遷移した電子は自由に動くことができ、それにより電気伝導性を示す。価電子帯で電子の抜けた跡は**正孔**と呼ばれる。正孔ができることで、価電子帯でも電流が流れるようになる。温度を上げると伝導帯へ励起される電子数が増えるので、電気伝導性は増大する。

図7.14はエネルギー帯の説明図である。縦軸はエネルギーである。半導体では、禁制帯は通常1 eV（1.602×10^{-19} J）程度である。絶縁体の場合、禁制帯が大きい

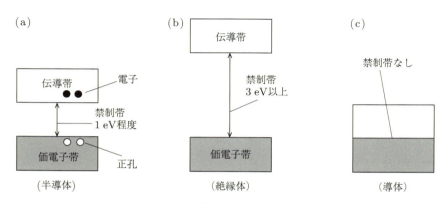

図 7.14 固体のバンドギャップ

7.6 半導体

ので，伝導帯に励起される電子の数がきわめて少なく，多少温度を上げても電気伝導性は示さない。

例題 7.7

シリコンと同じ14族元素の炭素から構成されるダイヤモンドが絶縁体であり，半導体としての特性を示さない理由を述べよ。

解答

シリコンも炭素も sp³ 混成軌道を利用してダイヤモンド構造をとるが，シリコンの sp³ 混成軌道には 3s 軌道と 3p 軌道が，炭素の sp³ 混成軌道には 2s 軌道と 2p 軌道が使われる。3s 軌道と 3p 軌道のエネルギー差は 2s 軌道と 2p 軌道の差よりもかなり小さく，バンドギャップ（禁制帯のエネルギー幅）は，シリコンが 1.17 eV であるのに対して，ダイヤモンドでは 5.47 eV と 4 倍以上になる。ちなみに，14族第4周期のゲルマニウムもダイヤモンド構造をとるが，こちらのバンドギャップはさらに小さく 0.74 eV である。このようにダイヤモンドは価電子帯と伝導帯のバンドギャップが大きすぎて，電子を伝導帯に励起させることが通常の温度では不可能であり，半導体特性を示さない。

7.6.2 不純物半導体

高純度のシリコン（ケイ素）などに 0.01〜100 ppm 程度の不純物を添加したものを**不純物半導体**と呼ぶ。不純物として添加する元素により **n 型半導体**と **p 型半導体**に分けられる。

n 型半導体では，不純物として価電子がシリコンより1個多い15族のリンやヒ素が添加される。例として，リンを添加して，格子点にある Si の 1 つが P で置換された場合を考える。この置換により，図 7.15(a) に示すように P 原子のまわりには電子が 1 個過剰に存在することになる。この電子は，比較的わずかなエネルギーを得て伝導帯へ励起され，電気伝導に関与する。なお，P などの不純物を**ドナー**と呼ぶ。

p 型半導体では，不純物として価電子がシリコンより1個少ない13族のホウ素やアルミニウムが添加される。例として，ホウ素を添加して，格子点にある Si の

化合物半導体

半導体の中には，GaAs，CdTe など，化合物半導体と呼ばれるものがある。不純物半導体では一方の成分の含有量が ppm オーダーであるのに対して，化合物半導体の場合，混合の割合はモル比で1：1に近い。真性半導体や不純物半導体の多くが電子デバイスに利用されるのに対して，化合物半導体では，光デバイスでの利用例が多い。たとえば，発光ダイオード（LED：Light Emitting Diode）としては，赤色 LED には GaAs，緑色 LED には GaP，青色 LED には GaN が使われる。また，GaAs や CdTe は太陽電池としても利用されている。

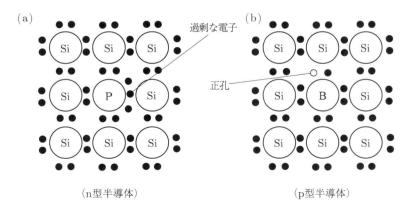

図 7.15 不純物半導体

1つが B で置換された場合を考える。この置換により，図 7.15(b) に示すように B 原子のまわりでは電子が 1 個不足することになり，価電子帯に正孔が生じる。電圧をかけた場合，この正孔が移動して電気を流すことになる。なお，B などの不純物を**アクセプター**と呼ぶ。トランジスターやダイオード，あるいはシリコン太陽電池などの半導体デバイスはすべてこの p 型半導体と n 型半導体の間の接合（**pn 接合**）を利用している。

例題 7.8

　シリコン太陽電池では，太陽からの光のエネルギーで価電子帯にある電子を伝導帯に遷移させる。ダイヤモンド，シリコン，ゲルマニウムのそれぞれについて，このような遷移を起こさせる光の波長の最大値を式 (3.3) を使って求めよ。ダイヤモンド，シリコン，ゲルマニウムのバンドギャップを，それぞれ，$5.47\ eV = 528\ kJ\ mol^{-1}$，$1.17\ eV = 113\ kJ\ mol^{-1}$，$0.74\ eV = 71\ kJ\ mol^{-1}$ とする。

解答

　　$227\ nm$，　$1.06\ \mu m$，　$1.7\ \mu m$

第 7 章演習問題

問題 7.1

　金属銅の結晶構造は立方最密充填構造である。銅原子を半径 $0.128\ nm$ の球として，金属銅の密度を計算せよ。銅の原子量を 63.55 とする。

問題 7.2

　充填率を（球の占める体積）/（単位格子の体積）で定義すると，六方最密充填構造の充填率が 74% となることを示せ。

問題 7.3

　八面体配位のイオン半径比が 0.414 になることを示せ。

ヒント

　八面体配位の代表的化合物は岩塩である。図 7.11 で明らかなように，この構造では陰イオンである Cl^- が作る面心立方格子の八面体型の隙間に Na^+ が配置されている。図 7.9(b) と図 7.11 を参考にして考えよ。

問題 7.4

　Na^+ イオンと Cl^- イオン間の結合距離を $0.282\ nm$ として，この結晶の密度を計算せよ。NaCl の式量を 58.5 とする。

ヒント

　単位格子の質量と体積がわかれば密度が計算できる。まず，単位格子中に Na^+ イオンと Cl^- イオンが何個ずつ含まれているかを数えて，次に，単位格子の体積を計算する。岩塩型結晶の単位格子の一辺は，陰陽両イオン間の結合距離の 2 倍であることに注意せよ。

問題 7.5

　黒鉛に電気伝導性がある理由を述べよ。

非晶質（アモルファス）

　結晶はその物質特有の融点をもつ。たとえば，銅なら 1085°C，ケイ素なら 1414°C で融解する。しかし，ガラスのように特定の融点をもたず，温度の上昇とともに次第に軟化する物質もある。このような物質では，固体の状態でも原子の 3 次元的配列にかなりの乱れがあることが知られており，**非晶質（アモルファス）** と呼ばれる。非晶質物質は，結晶と結晶の間の境界である粒界がなく，また，結晶の方向性もないため，均質で緻密な等方的素材となる。時計や電卓に使われている太陽電池ではアモルファス状のシリコンが使用されている。

コラム：太陽電池について

　再生可能・持続可能社会を構築するには，化石エネルギーに頼らない，自然エネルギーの利用が不可欠である。利用できる自然エネルギー発電には，「太陽光」，「水力」，「地熱」，「風力」，「波力・潮力」および「バイオマス」がある。太陽光は日中しか発電できず，天候にも左右される。水力・地熱発電には場所の制限があり，風力発電は安定した風の流れが必要である。波力・潮力発電はさびによるシステムの劣化があり，バイオマス発電は広大な土地と多くの労働力を必要とする。どれも大変だが，地球上で太陽光が降り注ぐ場所であればどこでも使用できるという点で，太陽電池による発電が非常に期待されている。

　太陽電池では，まず，光を吸収する材料（半導体や色素）が必要である。電池の光吸収層が太陽光を反射したり透過させてしまったりしては電力とならない。太陽光のエネルギーが最大となる波長は 550 nm である。よって，エネルギー変換効率を向上させるためには波長 550 nm を中心とする可視光を効率よく吸収することが重要である。光吸収層では，光エネルギーによって内部の電子が励起され，動くことのできる電子（伝導電子）と正孔が生成する。ここで，特別の仕掛けをしなければ，伝導電子と正孔は再結合して光エネルギーは熱となり，温度上昇に使われてしまう（熱失活）。効率の高い太陽電池とするためには，この熱失活を抑制し，生成した伝導電子を外部回路に取り出す機能をもたせなければならない。また，それと同時に正孔も外部回路の界面まで取り出す必要がある。そのために，板状（もしくは薄膜状）の光吸収層の両面に，電子抽出層と正孔抽出層を配置する。そして，そのさらに外側の面に導電性の電極を設置する。なお，光吸収層に太陽光が届かなければならないので，電極の少なくとも片方は，透明である必要がある。一般に金属などの導電性を有する物質は自由電子を有し，自由電子を有する物質は不透明となる。その点，現在，透明電極として広く使われている酸化インジウムスズは，電気伝導性と光透過性という背反する要求を満たす希少な材料である。ただし，インジウムは資源量に問題があり，代替材料の開発が急がれている。もちろん，太陽電池にとっては耐久性も重要である。結晶シリコン太陽電池は，耐久性には優れるが，柔軟性に欠け，製造コストが高い。一方，有機系の太陽電池は逆で，柔軟性があり製造コストも低いが，耐久性に欠ける。

　最近，有機鉛ハロゲンペロブスカイト結晶が柔軟性のある太陽電池の光吸収材料として注目されている。ペロブスカイトとは組成式 ABX_3 で表される物質の総称で，ヨウ化鉛メチルアンモニウム $CH_3NH_3PbI_3$ と酸化チタンを組み合わせた太陽電池が有力視されている。ペロブスカイト太陽電池は，柔軟性があり，製造コストも低いが，現時点では耐久性に難がある。

　以上のように太陽電池には，「光吸収材料」，「電子抽出材料」，「正孔抽出材料」および「透明導電性材料」が必要であり，それぞれに研究開発が進められている。

（伊藤省吾）

コラム：ドリルからペットボトルまで

　構成粒子が 3 次元的周期構造をもつ固体物質を結晶と呼ぶ。たとえば，sp^3 混成軌道をもつ炭素原子（sp^3 炭素）で構成される立体的な結晶がダイヤモンドであり，sp^2 混成軌道をもつ炭素原子（sp^2 炭素）で構成される平面的なグラフェンシートが積み重なった結晶がグラファイトである。しかし，固体の物質は結晶だけではない。原子間の結合距離や結合角に短距離秩序はあるものの長距離秩序のない構造がアモルファスである。炭素のアモルファス物質はダイヤモンドライクカーボン（Diamond-like Carbon, DLC）と呼ばれ，sp^3 炭素と sp^2 炭素が混在している（図 7.16）。ところで，DLC はダイヤモンドやグラファイトの成り損ないだろうか？ とんでない！ DLC はダイヤモンドやグラファイトにない優れた性質をもち，人々の役に立っている。

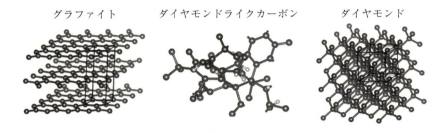

図 7.16

　ダイヤモンドは非常に高い硬度をもつが，一定の方位から力を加えて割ることができる（これを利用して指輪に用いられるブリリアンカットがつくられる）。ところがアモルファス構造をもつ DLC は，硬度自体はダイヤモンドに劣るものの弱い角度が存在せず，どの角度でも硬い。さらに DLC にはダイヤモンドのような結晶粒がないために摩擦係数が低い。硬度が高く，摩擦係数が低いことから，DLC 膜はドリル・ベアリングなどの機械部品や金型のコーティングに利用されてきた。DLC 膜はこの他にも化学的安定性・生体親和性・緻密性（ガスバリア性）・低価格性などの優れた性質をもち，自動車エンジン・注射針・ペットボトルなど幅広い分野に利用が拡大している。ドリルに用いられる硬い DLC 膜は sp^3 炭素が多く，ペットボトルに用いられる軟らかい DLC 膜は sp^2 炭素が多い。このように sp^3 炭素と sp^2 炭素の割合を変えることで，用途に合わせて硬度やほかの物性が異なる DLC 膜を成膜することができる。一方で DLC 膜は，アモルファス構造をもつために，分類や評価方法が統一されていなかった。DLC 膜の利用拡大のために，日本の研究者が評価方法の検討や利用されている DLC 膜の大規模な調査を実施し，その結果に基づいて DLC 膜の分類と評価方法について国際標準化機構（ISO）に提案を行った。2017 年には ISO 20523 として規格が成立し，現在も日本が中心となって DLC 膜に関するさまざまな ISO 規格化を進めている。

（神田一浩）

8　物質系の変化とエネルギー

第1章から第7章までは，物質が原子や分子から成り立っているというミクロ（微視的）な立場から「化学」を論じてきた。第8章から第10章で主題とする熱力学では，基本的に物質は連続体であるというマクロ（巨視的）な立場をとる。**熱力学**とは，温度や圧力などのマクロに観測される物理量の間の関係を定式化し，物質の変化やそれに伴うエネルギーの出入りなどを論ずる学問である。高等学校で学んだ熱化学では，化学反応における熱の出入りに着目した。第8章では，これを発展させ物質系の変化におけるエネルギーの出入りについて考察する。

8.1　エネルギーとその保存

エネルギーとは，**仕事**（物体に働く力とその力によって移動した距離の積）をする能力のことであり，その単位は仕事と同じで，SI単位ではJである。エネルギーの形態には次のようなものがあり，相互に変換が可能である。

（1）　力学的エネルギー：マクロな物体のもつ運動エネルギーと位置エネルギー。

（2）　電磁気エネルギー：電気のエネルギーなど，電場や磁場によるエネルギー。光（電磁波）のエネルギーも含まれる。

（3）　核エネルギー：原子核の中に内在するエネルギーであり，核分裂，核融合などの原子核反応に伴って吸収・放出される。

（4）　化学エネルギー：化学結合に伴うエネルギーであり，化学反応に伴って吸収・放出される。

（5）　熱エネルギー：原子や分子のミクロな運動に起因するエネルギー。単原子理想気体（8.3節にて詳述）であれば，気体分子のもつ運動エネルギーの総和に一致し，絶対温度と物質量の積に比例する。また，熱エネルギーに核エネルギーと化学エネルギーを加えたものを**内部エネルギー**と呼ぶ。なお，「熱エネルギー」と後述の「**熱**（温度差に起因して移動するエネルギー）」は異なる概念である。混同しないように注意されたい。

「エネルギーは，消滅することも無から生じることもない」。これを**エネルギー保存の法則**といい，すべての物理現象に対して成立する，きわめて一般的な法則である。「エネルギーは形態が変わっても総量は変化しない」ということもできる。化

学反応の前後においても，融解・蒸発などの状態変化においても，必ずエネルギーは保存される。

例題 8.1

ボールを投げるとボールに運動エネルギーを与えることになるが，やがて地面に落ちて止まってしまう。エネルギーは保存されているか。

解答

ボールの運動エネルギーは，空気との摩擦や地面との衝突で内部エネルギーに変わるが，消失してはおらず保存される。

例題 8.2

化石燃料を燃焼させ，燃焼熱で発電し，得られた電気でモーターを回転させた場合，化石燃料のもつ化学エネルギーがどのような過程でモーターの運動エネルギーに変換されるか。

解答

まず，化石燃料のもつ化学エネルギーが燃焼によって冷却水の内部エネルギーに変換され，冷却水の蒸発に伴い体積膨張が起こる。ついで，この膨張によって発電機のタービンが回転し電気エネルギーに変換される。最後に，この電気エネルギーがモーターによって運動エネルギーに変換される。

8.2 系と外界

熱力学では，「対象とする物質もしくは空間」を**系**と呼ぶ。系には境界があり，その境界の外側を**外界**（周囲）と呼ぶ。系と外界を合わせたものが**全系**（厳密には宇宙全体）である。熱力学で取り扱う系は，外界との相互作用により，**開放系**（開いた系），**閉鎖系**（閉じた系），**孤立系**に分類される。

外界との間でエネルギーの移動と物質の移動の両方が可能な系を開放系と呼ぶ。大気中に置かれたコップの中の水は開放系である。外から暖めることによってコップの中の水の温度を上げることもできるし，コップの中の水が大気中へ蒸発することもある。前者の過程では外界のエネルギーが系内へ移動しているし，後者の過程では系内の水が水蒸気として外界へ移動している。

外界との間でエネルギーの移動は可能であるが，物質の移動は不可能である系を閉鎖系と呼ぶ。ガラス容器内に密封された水は閉鎖系である。外から暖めたり，冷やしたりすることはできるが，容器内の水が外に出ることはない。

外界との間でエネルギーの移動も，物質の移動もまったくない系を孤立系と呼

表 8.1　3 つの系の比較

系の分類	エネルギーの移動	物質の移動
開放系	可能	可能
閉鎖系	可能	ない
孤立系	ない	ない

ぶ。宇宙全体は１つの孤立系と考えられるが，これ以外に完全な孤立系は存在せず，仮想的な系である。これら３つの系の比較を表8.1に示す。

例題8.3

魔法瓶の中の湯が孤立系に近い系であるとみなされる理由を説明せよ。

解答

魔法瓶は，真空を挟んだ二重構造となっており，内面は鏡面となっている。これにより，湯（系）の内部エネルギーが熱伝導や放射，対流によって外界へ移動することを防いでいる。また，魔法瓶の口は断熱効果の高い栓で密閉され，水蒸気や空気の出入りは少ない。

8.3 理想気体と状態方程式

熱力学は，気体にでも液体にでも固体にでも適用できる一般的な学問体系であるが，**理想気体**（または完全気体）を考えることで，ものごとを単純化できる場合が多い。ここでは，理想気体の満たすべき**状態方程式**について述べる。

一定温度，一定物質量の気体においては，圧力 P と体積 V は，反比例する。

$$PV = 一定 \tag{8.1}$$

これを**ボイルの法則**という。一方で，一定物質量の気体の体積 V は，一定圧力（定圧）のもとでは，絶対温度 T（現在では絶対温度を先に定義して，それを用いてセルシウス温度を定義するが，絶対温度/K＝セルシウス温度/℃＋273.15 で定義されると考えても，実用上ほとんど問題はない。11.3.1 項参照。）に比例する。

$$V = (定数) \times T \tag{8.2}$$

これを**シャルルの法則**と呼ぶ。これらをまとめると

$$PV = (定数) \times T \tag{8.3}$$

となり，これを**ボイル–シャルルの法則**と呼ぶ。すべての圧力，温度にわたってこれらの法則に完全に従い，次の「理想気体の状態方程式」を満足する気体を理想気体という。

$$PV = nRT \tag{8.4}$$

ここで，n と R は，気体分子の物質量（単位：mol）と**気体定数**（8.3145 J K^{-1} mol^{-1}）である。すなわち，P, V, n, T のうち，独立な変数は３つだけである。気体定数が気体の種類によらないことは，**アボガドロの法則**（同温，同圧の条件下で，同体積の気体は同数の分子を含む）からの要請である。

なお，ミクロな視点に立てば，理想気体とは次のような気体といえる。

（１）　気体分子は他の分子や容器の壁と弾性衝突以外の相互作用をしない。

（２）　気体分子自身の大きさ（体積）が無視できる。

> 気体分子間に弾性衝突以外の相互作用がないことは，混合気体の場合，成分気体の分圧の和が全圧となることを意味する（ドルトンの法則）。

例題8.4

実在気体では，厳密には，理想気体の状態方程式は成立しないが，ある決まった温度や圧力の範囲ではこの状態方程式に従うとみなせる場合が多い。どのような条件下でそれが可能になるか。

解答

　実在気体が理想気体に近い挙動を示すためには，上述の条件(1)，(2)を満たす必要がある。圧力について考えると，低圧になるほど分子間距離が大きくなるので，(1)と(2)の要件が満たされるようになる。温度について考えると，高温になるほど気体分子の熱運動が大きくなるので，相対的に(1)の要件が満たされるようになる。さらに，気体の分子量が小さいほど，気体分子の体積や分散相互作用は小さくなり上記の要件に近づく。

8.4　状態量（状態変数）

　密閉容器の中に入れられた気体の状態を規定する物理量を考える。圧力，体積，物質量，温度，密度など，いろいろあるが，これらはすべて測定可能なものであり，測定時の系の状態だけで一義的に決まる。すなわち，これらは過去の履歴や変化の経路には依存せず，**状態量（状態変数）**と呼ばれる。理想気体の場合，内部エネルギーは物質量と絶対温度が与えられれば確定値をもつ（8.A 節参照）。よって，これも状態量である。実は，理想気体でなくても，液体や固体であっても，内部エネルギーは状態量であり，系が状態1から状態2へ変化するとき，その変化量は経路に依存しない。一方，系が変化する過程で出入りする熱や仕事は変化の経路によって異なる（8.B 節参照）。したがって，これらは，「状態変化に対応して移動するエネルギー」であって，状態量ではない。そのため「この容器の中の気体のもつ熱は？」「仕事は？」と聞かれても答えられない。日常会話なら「37 度の熱がある」という表現も許されるかもしれないが，熱力学では許されない。

　なお，2 つの同等な系を結合させたときに 2 倍になる状態量（状態変数）を**示量性の量（示量変数）**，変化しない状態量（状態変数）を**示強性の量（示強変数）**という。

例題 8.5

　理想気体の状態方程式に含まれる状態変数を示量変数と示強変数に分類せよ。

ヒント

　1.0 気圧，298 K，1.0 mol，24.5 dm³ の気体を 2 等分したときに，半分になるものと変わらないものに分類せよ。

8.5　熱力学第一法則

　エネルギー保存の法則において，エネルギー移動の形態として**熱 q** と**仕事 w** に話を限定したものを**熱力学第一法則**と呼ぶ。熱の補給なしに仕事を続ける機関を第一種の永久機関と呼ぶが，その存在は，この熱力学第一法則から否定される。

　一定物質量の系に熱 q が入ると温度が上昇するが，体積を一定に保った場合には，膨張は起こらず外界に対して仕事はしない（$w=0$）。よって，内部エネルギー U の変化 ΔU（変化後の内部エネルギーから変化前の値を差し引く）は

$$\Delta U = q \tag{8.5}$$

となる。このような体積一定の過程を**定容過程（定積過程）**と呼ぶ。定容過程で

は，系に入る熱と系の内部エネルギー変化は等しい。

次に，系に熱 q が入ると同時に，膨張して外界に仕事 w をするとする。この場合

$$\Delta U = q - w \tag{8.6}$$

となり，内部エネルギー変化は q よりも w だけ小さくなる。これが，熱力学第一法則の数学的表現である。

> 熱力学第一法則は，外界が系にする仕事を正にとり，$\Delta U = q + w$ と記述される場合も多い。また，エネルギー移動量としての q, w は，$\Delta q, \Delta w$ と表記されることもある。

例題 8.6

内部エネルギー 2.0 J の気体に 2.12 J の熱を与え，さらに 1.31 J の仕事をさせた。内部エネルギーはいくらになるか。気体のもつ熱はいくらになるか。

解答

内部エネルギー：2.8 J

熱：熱は状態量ではないので，答えられない。

例題 8.7

冷却により系から外界へ大きさ q の熱が移動し，圧縮により外界が系へ大きさ w の仕事をした場合の系の内部エネルギー変化 ΔU を表す式を示せ。

解答

この過程では，外界から系に $-q$ の熱が入り，系が外界に $-w$ の仕事をしていると解釈できる。したがって，この過程における系の内部エネルギー変化 ΔU は

$$\Delta U = -q + w$$

となる。

8.6 エンタルピー

エンタルピー H は，内部エネルギーと比べると一見複雑に感じられるが，慣れると便利な物理量で，次のように定義される。

$$H = U + PV \tag{8.7}$$

これも状態量（示量変数）であり，内部エネルギーと同じ次元をもち，SI 単位での単位は J である。

> ここで，入る熱を q とせずに dq とした理由は，一時に多くの熱が入ると内圧と外圧のバランスがくずれる恐れがあるからである。ここでは，dq は微小量とし，内圧と外圧のバランスがくずれない範囲で膨張が起こるものとする。以下，d を付加したものはすべて微小量とする。

自然界で起こる変化は，圧力一定（たとえば 1 気圧）のもとで起こる場合が多い。このような圧力一定での過程を**定圧過程**と呼ぶ。定圧条件下で一定物質量の気体に熱 dq（微小量とする）が入ると温度が上昇し，シャルルの法則から膨張が起こる。簡単のため，図 8.1 のような摩擦のない断面積 S のピストン付容器を考える。内圧は P で一定で，外圧は P よりもわずかだけ低く，ピストンはきわめてゆっくり動くものとする（準静的過程，9.2 節参照）。気体がピストンを押す力 F は圧力 P と断面積 S の積で与えられ，ピストンが距離 dx 動く間に気体が外圧に抗してする仕事 dw は，この力 $F = PS$ と dx の積で与えられる。

$$\mathrm{d}w = PS\,\mathrm{d}x = P\mathrm{d}V \tag{8.8}$$

$\mathrm{d}V = S\,\mathrm{d}x$ は体積変化である。内部エネルギー変化 dU は，系が外界に向かってする仕事の分だけ，dq よりも小さくなるはずであり，熱力学第一法則から

$$\mathrm{d}U = \mathrm{d}q - \mathrm{d}w = \mathrm{d}q - P\mathrm{d}V \tag{8.9}$$

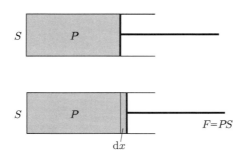

図 8.1 ピストンの動きと仕事

となる．すなわち，定圧過程で内部エネルギー変化を議論しようとすると常に入る熱から出る仕事を差し引く必要がある．そこで，式(8.7)のようにエンタルピーを定義すると，定圧過程では $dP=0$ であることを考慮して

$$dH = dU + d(PV) = dU + PdV + VdP = dU + PdV = dq \qquad (8.10)$$

となり，エンタルピー変化 dH が dq と等しくなることがわかる．ここでは，気体における熱と仕事の出入りだけを考えたが，もっと一般的に，凝縮相や化学反応が起こるような系でも，定圧条件下では，系に入る熱とエンタルピー変化は等しいことが示される．定圧条件下で式(8.10)を積分すれば

$$\Delta H = \Delta U + P\Delta V = q \qquad (8.11)$$

が得られる．なお，定圧過程において，系から正の熱が出る場合には，負の熱が入ると解釈でき，ΔH は負となる．

例題 8.8

理想気体の加熱を外圧と内圧 P がほぼつり合った定圧過程および体積 V 一定の定容過程で行った．それぞれの過程において系が外界にした仕事 dw と系に入った熱 dq を体積変化 dV，内部エネルギー変化 dU もしくはエンタルピー変化 dH を用いて表せ．

解答

定圧過程では

$$dw = PdV$$

であるから

$$dq = dU + PdV = d(U + PV) = dH$$

となる．一方，定容過程では

$$dw = 0$$

であるから

$$dq = dU$$

となる．

例題 8.9

内部エネルギー 2.3 kJ，圧力 2.4 kPa，体積 102 dm³ の理想気体のエンタルピーはいくらか．その気体に圧力一定の条件下で 30 J の熱を与えた．エンタルピーはいくらになるか．

8.7 比熱容量

解答
加熱前：$H = 2.5 \times 10^3$ J
加熱後：$H = 2.6 \times 10^3$ J

8.7 比 熱 容 量

一定物質量の系に熱 $\mathrm{d}q$ が入ったときの温度上昇を $\mathrm{d}T$ とすると

$$C = \frac{\mathrm{d}q}{\mathrm{d}T} \tag{8.12}$$

を**熱容量**と呼ぶ。単位物質量（1 mol）あたりの熱容量のことを**比熱容量（モル熱容量）**と呼ぶ。これは，単位物質量（1 mol）の物質を単位温度（1 K）上昇させるのに必要な熱を表し，単位は $\mathrm{J\,mol^{-1}K^{-1}}$ である。なお，単位質量（1 kg または 1 g）あたりの熱容量を比熱容量と呼ぶ場合もあるが，本書では，特に断らない限り，前者の定義を採用する。比熱容量は，過程の条件によって変わる。定容過程では，入った熱はすべて系の内部エネルギーの増加に使われる。一方，定圧過程では，一般に膨張に伴う仕事にも使われるため，同じ温度上昇をさせるためには，定容過程よりも多くの熱が必要となり，比熱容量は大きくなる。そこで，定容過程と定圧過程における比熱容量を分けて考え，それぞれ**定容比熱容量**および**定圧比熱容量**と呼び，C_V，C_P で表す。比熱容量は，一般に温度の関数となる。しかし，限られた温度範囲では定数とみなせる場合も多い。

系の物質量を n とすると，定圧過程では $\mathrm{d}H = \mathrm{d}q = nC_P\,\mathrm{d}T$ であるため，定圧比熱容量がわかれば，物質のエンタルピー変化を計算で求めることができる。一定圧力下で絶対温度 T_1 から T_2 まで加熱した場合のエンタルピー変化 ΔH は

$$\Delta H = n \int_{T_1}^{T_2} C_P\,\mathrm{d}T \tag{8.13}$$

で表される。

例題 8.10

水蒸気 2.00 mol を圧力一定のもとで 125℃ から 325℃ へ加熱した場合のエンタルピー変化を計算せよ。ただし，水蒸気の定圧比熱容量は，$C_P/(\mathrm{J\,K^{-1}\,mol^{-1}}) = 30.3 + 9.6 \times 10^{-3}\,T/\mathrm{K}$ で表されるとする。T は絶対温度である。

ヒント

$$\Delta H = 2.00 \times \int_{T_1}^{T_2} C_P\,\mathrm{d}T = 2.00 \times \int_{398.15}^{598.15} (30.3 + 9.6 \times 10^{-3}\,T)\,\mathrm{d}T$$

解答
1.40×10^4 J

例題 8.11

標準大気圧（1.013×10^5 Pa）下で，100℃ の水 1.000 g を 100℃ の水蒸気にするには，2257 J の熱を必要とする。この過程における内部エネルギー変化とエンタルピー変化を求めよ。100℃ の水の密度を $0.96\,\mathrm{g\,cm^{-3}}$ とし，水蒸気は理想気体とせよ。

ヒント

定圧過程であるので，系に入る熱とエンタルピー変化は等しい。

水は $1.000/18.0$ mol であるので体積変化は

$8.3145 \times 373.15 \times 1.000/(1.013 \times 10^5 \times 18.0) - 1.000/(0.96 \times 10^6)$ m^3

解答

内部エネルギー変化：2085 J

エンタルピー変化：2257 J

8.8 化学反応とエンタルピー変化

多くの化学反応は熱の出入りを伴う。たとえば，標準大気圧下で，単位物質量（1 mol）のグラファイト（黒鉛）を完全燃焼させた際に発生する熱を熱量計で測定すると 393.5 kJ という値が得られる。この 393.5 kJ という熱は，グラファイト，気体の酸素および気体の二酸化炭素を $C(s)$，$O_2(g)$ および $CO_2(g)$ で表すと

$$C(s) + O_2(g) \rightarrow CO_2(g) \tag{8.14}$$

という反応によって系が外界（熱量計）に放出した熱である。定圧過程であるから，この熱はエンタルピー変化に対応づけられる。ただし，化学反応過程におけるエンタルピー変化は反応終了後の物質のエンタルピー（温度と圧力は反応開始前と同じとする）の合計から反応開始前の物質のエンタルピーの合計を引いたものと定義されるため，発熱反応では負の値となり，この場合は -393.5 kJ となる。このエンタルピー変化 ΔH を併記すると，式(8.14)は

$$C(s) + O_2(g) \rightarrow CO_2(g) \qquad \Delta H = -393.5 \text{ kJ} \tag{8.15}$$

という形式で表される。なお，式(8.15)は

$$C(s) + O_2(g) = CO_2(g) + 393.5 \text{ kJ} \tag{8.16}$$

のように記述されることもある。

> 物質が気体（gas）であることを示す場合にはその化学式の後に(g)を，液体（liquid）の場合には(l)を，固体（solid）の場合には(s)をつける。

例題 8.12

単位物質量の 2 倍の量（2 mol）のグラファイトを完全燃焼させた場合のエンタルピー変化を併記した化学反応式を書き表せ。

解答

$$2C(s) + 2O_2(g) \rightarrow 2CO_2(g) \qquad \Delta H = -787.0 \text{ kJ}$$

このように，普通の化学反応式の係数が物質量の比を表すのに対して，エンタルピー変化を併記した化学反応式の係数は物質量そのものを表す。そのため，$\Delta H = -787.0$ kJ mol^{-1} と書くことはしない。

例題 8.13

$C(s) + O_2(g) \rightarrow CO_2(g)$ の反応のエンタルピー変化をこの式に含まれている化学種の単位物質量（1 mol）についてのエンタルピー H を用いて表せ。

解答

単位物質量の $C(s)$，$O_2(g)$ および $CO_2(g)$ のエンタルピーを $H_{C(s)}$，$H_{O_2(g)}$ および $H_{CO_2(g)}$ で表すと $\Delta H = H_{CO_2(g)} - (H_{C(s)} + H_{O_2(g)})$ となる。

8.8.1 反応熱と標準生成エンタルピー

定圧過程における燃焼熱や中和熱などの反応熱は測定可能なものであり，これから反応過程のエンタルピー変化が求められる。しかし，測定できるのは，反応開始前と反応終了後の物質のエンタルピーの差であり，それぞれの値を決めることはできない。たとえば，式(8.15)の反応において放出される熱（$-q$）を測定すれば

$$-q = -\Delta H = (H_{C(s)} + H_{O_2(g)}) - H_{CO_2(g)} \qquad (8.17)$$

の関係から $\{(H_{C(s)} + H_{O_2(g)}) - H_{CO_2(g)}\}$ の値を知ることはできる。しかし，この値から $H_{C(s)}$，$H_{O_2(g)}$，$H_{CO_2(g)}$ それぞれの値を知ることはできない。そこで，**標準生成エンタルピー**という概念が登場する。これは，次の規則で決められる。

（1）標準状態（標準大気圧（1.013×10^5 Pa）下）における単体（同素体が存在する場合にはもっとも安定な同素体）の標準生成エンタルピーをゼロとする。特に断らない限り温度は 25℃ とする。

（2）化合物の標準生成エンタルピーは，標準状態においてもっとも安定な成分元素の単体から，その化合物を生成する際の単位物質量あたりのエンタルピー変化とし，$\Delta_f H°$ で表す（H の右肩の ° は標準状態を，下付きの f は formation を表す）。その化合物の生成過程が吸熱過程であれば，$\Delta_f H°$ は正，発熱過程であれば負となる。上記の例でいえば，C(s) と O_2(g) の $\Delta_f H°$ はゼロであり，CO_2(g) の $\Delta_f H°$ は -393.5 kJ mol^{-1} となる。代表的な化合物の $\Delta_f H°$ の値を表 8.2 に示す。

グラファイトと水素からメタンなどの炭化水素は容易には生成しない。表 8.2 に示したメタンなどの標準生成エンタルピーは，8.8.3 項で述べるヘスの法則を用いて，グラファイトや水素，メタンなどの燃焼熱の測定値から算出したものである。

表 8.2　代表的な化合物の標準生成エンタルピー（25℃）

物質	化学式	状態	標準生成エンタルピー $\Delta_f H°$/kJ mol^{-1}
水	H_2O	液体	-285.8
二酸化炭素	CO_2	気体	-393.5
一酸化炭素	CO	気体	-110.5
アンモニア	NH_3	気体	-46.1
メタン	CH_4	気体	-74.6
エタン	C_2H_6	気体	-84.7
エテン（エチレン）	C_2H_4	気体	$+52.3$
エチン（アセチレン）	C_2H_2	気体	$+226.7$
ベンゼン	C_6H_6	液体	$+49.0$
メタノール	CH_3OH	液体	-238.6
エタノール	C_2H_5OH	液体	-277.6

例題 8.14

オゾンは酸素原子のみからなる単体である。よって，オゾンの標準生成エンタルピーはゼロとしてよいか。

解答

いけない。オゾンは酸素分子よりも不安定であるため。
（オゾンの標準生成エンタルピーは 142.7 kJ mol^{-1}）

8.8.2 化学反応におけるエンタルピー変化の計算

メタン（CH_4）の燃焼反応

$$CH_4(g) + 2\,O_2(g) \rightarrow CO_2(g) + 2\,H_2O(l) \tag{8.18}$$

の標準状態でのエンタルピー変化 $\Delta_r H°$（**標準反応エンタルピー**，H の右肩の ° は標準状態を，下付きの r は reaction を表す）を計算しよう。この $\Delta_r H°$ は

$$\Delta_r H° = 1 \times \Delta_f H°_{CO_2} + 2 \times \Delta_f H°_{H_2O} - 1 \times \Delta_f H°_{CH_4} - 2 \times \Delta_f H°_{O_2} \tag{8.19}$$

で与えられる。式(8.19)に，25℃における二酸化炭素の標準生成エンタルピー $\Delta_f H°_{CO_2} = -393.5 \text{ kJ mol}^{-1}$，水の標準生成エンタルピー $\Delta_f H°_{H_2O} = -285.8$ kJ mol^{-1}，メタンの標準生成エンタルピー $\Delta_f H°_{CH_4} = -74.6 \text{ kJ mol}^{-1}$，酸素の標準生成エンタルピー $\Delta_f H°_{O_2} = 0.0 \text{ kJ mol}^{-1}$ を代入すると $\Delta_r H° = -890.5 \text{ kJ}$ となる。すなわち，標準大気圧，25℃のもとでの単位物質量（1 mol）のメタンの燃焼では890.5 kJ の熱が発生することになる。

標準生成エンタルピー $\Delta_f H°$ は着目する物質が特定されているので，その物質を単体から生成させる際の単位物質量（1 mol）あたりのエンタルピー変化を表す。ところが，化学反応の標準反応エンタルピー $\Delta_r H°$ は反応全体に関わる物理量であるので，化学反応式に含まれる物質の中で着目する物質を特定しない限り，単位物質量（1 mol）あたりのエンタルピー変化として捉えることはできない。たとえば，式(8.18)の反応をメタンの燃焼に伴う水の生成反応として捉えると，同じ反応にもかかわらず係数とエンタルピー変化の異なる

$$(1/2)\,CH_4(g) + O_2(g) \rightarrow (1/2)\,CO_2(g) + H_2O(l) \qquad \Delta_r H° = -445.3 \text{ kJ} \tag{8.20}$$

というものになる。このように，エンタルピー変化を併記した化学反応式では特定の物質を 1 mol とするために他の物質の係数が分数となる場合がある。

例題 8.15

エタンの燃焼反応 $C_2H_6(g) + (7/2)\,O_2(g) \rightarrow 2\,CO_2(g) + 3\,H_2O(l)$ の標準反応エンタルピー $\Delta_r H°$（25℃）を求めよ。

ヒント $\Delta_r H° = 2 \times \Delta_f H°_{CO_2} + 3 \times \Delta_f H°_{H_2O} - 1 \times \Delta_f H°_{C_2H_6} - (7/2) \times \Delta_f H°_{O_2}$

解答

-1559.7 kJ

例題 8.16

エテンと水素からエタンが生成する反応 $C_2H_4(g) + H_2(g) \rightarrow C_2H_6(g)$ の標準反応エンタルピー $\Delta_r H°$（25℃）を求めよ。

解答

-137.0 kJ

8.8.3 ヘスの法則

エンタルピーは状態量であるから，化学反応の始めと終わりが同じであれば，途中どのような経路をたどったとしても $\Delta_r H°$ の値は変わらない。これを**ヘスの法則**

8.8 化学反応とエンタルピー変化　　　　97

と呼ぶ．ヘスの法則を利用することによって，測定の容易な反応の $\Delta_r H°$ から測定困難な反応の $\Delta_r H°$ を計算で求めることができる．たとえば，以下のようにしてグラファイトが不完全燃焼して一酸化炭素が生成する反応のエンタルピー変化を求めることができる．標準状態（25℃）でグラファイトが完全燃焼する反応は

$$C(s) + O_2(g) \rightarrow CO_2(g) \qquad \Delta_{r1}H° = -393.5 \text{ kJ} \qquad (8.21)$$

で表される．一方，この反応は，グラファイトが不完全燃焼して一酸化炭素を生成する反応と一酸化炭素がさらに酸化されて二酸化炭素を生成する反応に分けて考えることもできる．

$$C(s) + (1/2)O_2(g) \rightarrow CO(g), \qquad (8.22)$$

$$CO(g) + (1/2)O_2(g) \rightarrow CO_2(g) \qquad (8.23)$$

一酸化炭素の生成反応および一酸化炭素の燃焼反応の標準反応エンタルピーを $\Delta_{r2}H°$ および $\Delta_{r3}H°$ とし，ヘスの法則を用いると

$$\Delta_{r1}H° = \Delta_{r2}H° + \Delta_{r3}H° \qquad (8.24)$$

という関係を得る．グラファイトの酸化反応で，実験的に一酸化炭素のみを発生させ，そのエンタルピー変化を測定することは困難であるが，一酸化炭素の燃焼反応の標準反応エンタルピーは測定可能であり，$\Delta_{r3}H° = -283.0 \text{ kJ}$ と求められているので，式(8.24)から $\Delta_{r2}H° = -110.5 \text{ kJ}$ と決定することができる．

例題 8.17

標準大気圧下で単位物質量（1 mol）のダイヤモンドを完全燃焼させると 395.4 kJ の熱が発生する．ダイヤモンドの標準生成エンタルピーを計算せよ．

解答

ダイヤモンドの燃焼反応は

$$C(\text{ダイヤモンド}) + O_2 \rightarrow CO_2 \qquad \Delta_{r1}H° = -395.4 \text{ kJ} \qquad (8.25)$$

で表される．グラファイトの燃焼反応は，表 8.2 より

$$C(\text{グラファイト}) + O_2 \rightarrow CO_2 \qquad \Delta_{r2}H° = -393.5 \text{ kJ} \qquad (8.26)$$

で表される．よって，ダイヤモンドの生成反応は

$$C(\text{グラファイト}) \rightarrow C(\text{ダイヤモンド}) \qquad \Delta_r H° = +1.9 \text{ kJ} \qquad (8.27)$$

で表され，式(8.27)の $\Delta_r H°$ から，ダイヤモンドの標準生成エンタルピー $\Delta_f H°$ は 1.9 kJ mol^{-1} となる．

例題 8.18

単位物質量の水素，グラファイト，プロパンが標準状態で燃焼する際のエンタルピー変化を，それぞれ，-286 kJ，-394 kJ，-2219 kJ として，プロパンの標準生成エンタルピーを求めよ．

ヒント

$$H_2 + (1/2)O_2 \rightarrow H_2O \qquad \Delta_{r1}H° = -286 \text{ kJ},$$
$$C + O_2 \rightarrow CO_2 \qquad \Delta_{r2}H° = -394 \text{ kJ},$$
$$C_3H_8 + 5O_2 \rightarrow 3CO_2 + 4H_2O \qquad \Delta_{r3}H° = -2219 \text{ kJ}$$

解答

-107 kJ mol^{-1}

例題 8.17 に見るようにグラファイトとダイヤモンドの間のエンタルピーの差は小さい．しかし，両者の変換はそう簡単には起こらない．これは，両者の変換反応に大きな活性化エネルギー（14.6節参照）が存在するからである．ダイヤモンドはその硬さと屈折率の高さから，古来宝石の王者として珍重されてきた．これに加えて，ダイヤモンドには絶縁体であるにもかかわらず熱伝導性が高い（銅や銀よりも高い，7.4節参照）という特徴があり，工業的にも有用な材料である．そのため，種々の人工合成法が開発されてきた．もっとも一般的な方法は，高温高圧（2000℃，10万気圧程度）条件下でグラファイトから合成するものであるが，現在では，気体のメタンやメタノールを分解させて低圧条件下で作製する方法も開発されている．

8.A 理想気体の内部エネルギー

理想気体の内部エネルギー（核エネルギーと化学エネルギーは除く）U は，物質量 n と絶対温度 T だけで決まり，温度が一定であれば圧力や体積には依存しない。これは理想気体の状態方程式と熱力学第一法則だけから導くことができる。ただし，それには，やや高度な数学の知識を必要とする。ここでは，厳密性は欠くが気体分子が相互作用なしに，すべて同じ速さで運動しているとして，導いてみよう。単原子理想気体では，気体分子同士の相互作用は無視できて，気体の内部エネルギーは気体分子の運動エネルギーの総和と一致する。

一辺の長さが d（体積 $V=d^3$）の立方体の容器に入った N 個の単原子理想気体分子を考える（図8.2）。気体分子1個の質量および x 軸方向の速さを，それぞれ m および v とする。実際の気体分子はばらばらな方向に飛んでおり，また，その速さも一定ではない。しかし，ここでは話を簡単にするため，全体の1/3の分子が x 軸方向の，1/3が y 軸方向の，1/3が z 軸方向の往復運動をしており，その速さはすべて等しいとする。また，気体分子は壁と完全弾性衝突するとする。

気体の圧力とは，気体分子が壁に及ぼす単位面積あたりの力である。気体分子1つが壁に1回衝突（完全弾性衝突）するときの力積は，その運動量変化に等しく，$2mv$ である。単位時間あたりの衝突回数（衝突頻度）は，気体分子が壁の端と端を往復するのに要する時間の逆数であり，$v/2d$ である。したがって，壁に及ぼす圧力 P は

$$P = 2mv \times \frac{v}{2d} \times \frac{1}{d^2} \times \frac{N}{3} = \frac{mv^2}{3d^3}N = \frac{mv^2}{3V}N \tag{8.28}$$

となる。式(8.28)を理想気体の状態方程式 $PV=nRT$ と連立させると

$$Nmv^2 = 3nRT \tag{8.29}$$

が得られる。全気体分子の運動エネルギーの総和は，式(8.29)から

$$N\frac{1}{2}mv^2 = \frac{3}{2}nRT \tag{8.30}$$

となる。この運動エネルギーの総和は，気体の内部エネルギー U に等しい。

$$U = \frac{3}{2}nRT \tag{8.31}$$

したがって，理想気体の内部エネルギー U は物質量 n と絶対温度 T の積に比例し，圧力や体積にはあらわには依存しない。

なお，ここでは，単原子理想気体について論じたが，多原子分子理想気体でも同

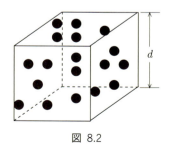

図 8.2

様の結論を導くことができる。ただし，回転などのエネルギーが加わるため，U と nRT の間の比例定数は変更する必要がある。

8.B 熱と仕事が状態量ではないことの説明

まず，図8.3のようなピストン付大容器の中に入れられたピストン付小容器を考える。小容器内の体積を V_1 とし，中に圧力 P_1 の理想気体が入っているとする。絶対温度を小容器，大容器ともに T とし，これを一定に保つものとする。大容器内の圧力を P_1 から徐々に P_2 まで下げると，小容器内の圧力も減少し，同時に体積は増加する。この際，摩擦はないものとする。また，小容器内の圧力が P_2 となったときの体積を $V_2 = P_1 V_1 / P_2$ とする。膨張に際して，小容器内の気体は外界に対して仕事をしている。一方，温度は T で一定であるため，内部エネルギーは変わっていない。よって，外界に対してした仕事の分だけ，熱が小容器内に流入していなければならない。

次に図8.4のような系を考える。小容器内には隔壁があり，その右側は真空であるとする。隔壁を取り除くと気体は一気に膨張するが，その際，外圧はかかっていないので仕事はしない。熱の出入りもないとすれば，内部エネルギーは変わらず，温度は一定に保たれる。体積が $V_2 = P_1 V_1 / P_2$ となるところに外壁を備えておけば，図8.3の終状態と同じ状態になる。

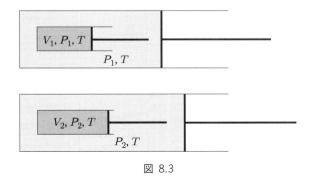

図 8.3

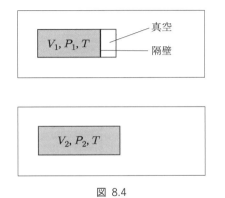

図 8.4

さて，図8.3のケースでは熱と仕事の両方の出入りがあって，最終的に圧力が P_2，体積が V_2 となった。一方，図8.4のケースでは，熱も仕事も出入りなしに，最終的に同じ状態となった。これは，始状態と終状態が与えられても，熱や仕事の量は決められないことを意味している。すなわち，熱と仕事は状態量ではない。

第8章演習問題

問題 8.1
熱の補給なしで，永久に運動し続けて，しかも外界へ仕事をするような装置の開発が試みられた時代があった。このような装置を第一種の永久機関という。熱力学第一法則を使って，そのような装置がありえない理由を説明せよ。

問題 8.2
理想気体（単原子とは限らない）の定圧比熱容量 C_P と定容比熱容量 C_V の間の関係式（これをマイヤーの関係式という）を導け。

問題 8.3
$H_2(g) + (1/2)O_2(g) \rightarrow H_2O(g)$ の反応の25℃における標準反応エンタルピーを表8.2の値を使って求めよ。水の蒸発過程のエンタルピー変化（25℃）を $44.0\,kJ\,mol^{-1}$ とする。

問題 8.4
ヨウ素の標準大気圧下，温度 $T\,K$ における定圧比熱容量および融解，蒸発のエンタルピー変化は以下のように与えられる。

固体：$C_P = 40.12 + 4.979 \times 10^{-2}\,T\,J\,mol^{-1}\,K^{-1}$
液体：$C_P = 80.33\,J\,mol^{-1}\,K^{-1}$
気体：$C_P = 37.40 + 5.9 \times 10^{-4}\,T - 7.1 \times 10^4/T^2\,J\,mol^{-1}\,K^{-1}$
融解のエンタルピー変化：$15.52\,kJ\,mol^{-1}$ （融点：386.8 K）
蒸発のエンタルピー変化：$41.80\,kJ\,mol^{-1}$ （沸点：458.4 K）

密閉容器の中で2.00 mol のヨウ素を300 K（固体）から500 K（気体）まで標準大気圧下で定圧昇温させる際のエンタルピー変化を求めよ。

問題 8.5
次のデータを用いて，二酸化炭素を水素と反応させ，メタンに還元する反応のエンタルピー変化を計算せよ。

$CO_2 + H_2 \rightarrow CO + H_2O \qquad \Delta_{r1}H° = -2.8\,kJ$
$CO + 3H_2 \rightarrow CH_4 + H_2O \qquad \Delta_{r2}H° = -249.9\,kJ$

問題 8.6
CO の標準生成エンタルピーは $-110.5\,kJ\,mol^{-1}$ である。グラファイトの密度を 2.25 $g\,cm^{-3}$ とし，また酸素と CO は理想気体の状態方程式に従うとして，標準状態（25℃）において，単位物質量のグラファイトと酸素から CO が生成する際の内部エネルギー変化を求めよ。

9 物質の変化の方向性

第8章ではエネルギー保存の法則とも呼ばれる熱力学第一法則について学んだ。この法則によると，化学反応や物質の状態変化の前後で系と外界を含めた全系のエネルギーは変化しない。しかし，エネルギーの総量は一定でも，一般に発熱反応は起こりやすく，吸熱反応は起こりにくい。これは，化学エネルギーを熱として取り出すことは容易であるが，逆は難しいことを意味している。力学的エネルギーや電磁気エネルギーについても状況は同様である。第9章では，この変化の方向性を支配するエントロピーおよびそれから派生するギブズエネルギーという概念について学ぶ。

9.1 自発過程の方向性：熱力学第二法則

　熱力学第一法則は，「いかなる系も，外界から熱を受け取らないで永続的に仕事をすることはできない」こと，「熱と仕事が相互変換される場合，両者の間には一定の量的関係が保たれる」ことを述べている。すなわち，第一法則は，系における熱，仕事および内部エネルギー間の量的関係を記述する基本原理である。しかし，第一法則は，これら3者間の相互変換がどのように行われるのか，その結果どの方向に変化が進むのかについては説明できない。

　「覆水盆に返らず」というとおり，コップの中の水を外に撒き散らすことはできるが，その逆は起こらない。すなわち秩序のある（コップの中に入れられた）状態から秩序のない（コップの外に撒き散らされた）状態への変化は起こるが，その逆は自発的には起こらない。自然界にあっても摩擦による熱の発生，高温部から低温部への熱の伝導，高濃度部から低濃度部への溶質の拡散といった物理変化は不可逆的に起こる。一方で自然界においては雪の結晶のようなきわめて対称性の高いものができることもある。このような経験的事実を統合して，自然現象の起こる方向を規定する法則が**熱力学第二法則**である。

　第二法則にはいろいろな表現があるが，有名なのは「熱源から得た熱を何も痕跡を残さずに100%仕事に変えることはできない」（トムソンの原理），「低温の物体から高温の物体に何も痕跡を残さずに熱を移動させることはできない」（クラウジウスの原理）というものである。実は，どちらも後に述べる**エントロピー**という概念を使って，「孤立系ではエントロピーは増大する」と言い換えることができる。

102   9. 物質の変化の方向性

例題9.1

日常，容易に起こり，自然には元に戻ることのない現象の例を挙げよ。

解答（例）

インクを水にたらすと，自然と一様になる。

砂の上に書いた字は自然と消える。

ガラスのコップが割れることはあっても，破片がコップになることはない。

9.2 可逆過程と不可逆過程

熱力学における状態変化には可逆変化と不可逆変化がある。系を状態1から状態2に変化させた後，この変化をまったく逆に進めて系を状態2から状態1に戻し，かつ外界に何の変化も残さないことが可能な場合，可逆変化という。また，この変化がたどる道筋を**可逆過程**という。これに対して系を状態2から状態1に戻したとき外界に何らかの変化が残る場合は，先の状態1から状態2への変化を不可逆変化といい，その道筋を**不可逆過程**という。

外界と平衡を保ちつつ，無限大の時間をかけて系に起こる変化を準静的変化といい，その道筋を**準静的過程**という。たとえば，摩擦のないピストンに圧力を加えてシリンダー内の気体を圧縮する場合，準静的過程では次のような操作を考える。まず，系の圧力 P に対して外界の圧力（外圧）P_e を無限小だけ大きくして $P_e = P + dP$ とする。そうすると，系は無限小の速度で無限大の時間をかけて圧縮される。外圧 P_e を系の圧力 P より常に無限小だけ大きいように調節しておけば，目標とする状態まで系を圧縮することができる。この操作では，変化のすべての過程で $P_e \approx P$ が成り立つので，変化の前後で平衡が保たれていると考えることができる。実際にはこのような変化はありえないが，現実をこのような変化に近づけることはできる。なお，本書のレベルでは，可逆過程と準静的過程は同じものと考えて差し支えない。

例題9.2

熱い湯を室温に放置し冷ますことを考える。冷めた湯（系）を高温熱源（外界）に触れさせることで再び元の温度まで戻すことはできる。これから，「湯が冷める現象は可逆過程である」といえるだろうか。

解答

可逆過程ではない。熱力学で可逆，不可逆を論じる場合には，系だけの変化に注目するのではなく，系と外界の両方の変化に着目する必要がある。上記の例のように系を変化させた後でも，外界の変化を無視して考えれば，元の状態に戻すことは多くの場合可能である。しかし，外界に変化が残る場合は可逆過程とはいわない。この場合，湯が冷める過程で外界へ放散された熱が湯に戻ったわけではない。高温熱源（外界）は冷めた湯を昇温させる分だけエネルギーを失うという変化をしている。

9.3 理想気体の等温可逆膨張過程

エントロピーの説明の準備として，理想気体の等温可逆膨張について考える。図 8.3 のピストン付小容器のような容器内の物質量 n の理想気体が，絶対温度 T 一定という条件下で，体積が V_1 から $V_2 (> V_1)$ になるまで可逆的 (準静的) に膨張するとする。膨張中の容器内の圧力を P とし，外圧は内圧よりも常にわずかにだけ低いものとする。体積が dV だけ増加する際に気体が外圧に抗してする仕事 dw は

$$dw = PdV \tag{9.1}$$

で与えられる。したがって，体積が V_1 から V_2 に増大するまでに気体がする仕事 w は

$$w = \int_{V_1}^{V_2} PdV = \int_{V_1}^{V_2} \frac{nRT}{V} dV = nRT \ln \frac{V_2}{V_1} \tag{9.2}$$

である。なお，このとき，等温であることから，気体の内部エネルギーに変化はない。よって，気体がした仕事と同じ大きさの熱 q が外界から系に流れ込む必要がある。すなわち

$$q = w = nRT \ln \frac{V_2}{V_1} \tag{9.3}$$

である。

例題 9.3

圧力 P_1，物質量 n の理想気体が絶対温度 T 一定の条件下で $P_2 (< P_1)$ まで可逆的に減圧膨張したとき，気体がする仕事はいくらか。

解答

理想気体であることから，体積と圧力は反比例する。したがって，圧力の比は，体積の比の逆数になることを利用し，式(9.2)から $nRT \ln(P_1/P_2)$ と書ける。

9.4 エントロピー

熱力学第一法則によると，系の内部エネルギー U の微小変化 dU は

$$dU = dq - dw \tag{9.4}$$

で表される。したがって，系が状態 1 から状態 2 へ変化した場合は

$$\Delta U = \int_1^2 dU = \int_1^2 dq - \int_1^2 dw \tag{9.5}$$

となる。ここで，内部エネルギーは状態量であるから ΔU は 1 と 2 の状態によって決まり，変化の経路にはよらない。一方，熱や仕事は状態量ではないから，変化の経路によって異なる。ただし，可逆過程に限れば，dw は PdV と状態量の変化で表現できる。同様に dq も状態量の変化で記述できれば，経路に依存せず便利である。このような観点から導入されたのが**エントロピー** S である。

絶対温度 T のもとで，系が外界から可逆的に熱 dq (可逆) を受け取るとする。そのとき

$$dS = \frac{dq(\text{可逆})}{T} \tag{9.6}$$

で定義される物理量 S を系のエントロピーと呼ぶ。式(9.6)からわかるように，エントロピーの単位は $J\,K^{-1}$ である。等温過程であれば，系が状態1から状態2へ変化した場合のエントロピー変化 ΔS は

$$\Delta S = S_2 - S_1 = \int_1^2 \frac{\mathrm{d}q(可逆)}{T} = \frac{q(可逆)}{T} \tag{9.7}$$

で与えられる。詳細は述べないが，式(9.6)で定義されるエントロピーは状態量（示量変数）であり，始めと終わりの状態が与えられれば，ΔS は変化の経路にはよらない。状態1から状態2への変化が不可逆であったとしても，ΔS の値は，状態1から状態2へ可逆的に変化させた場合のエントロピー変化に等しい。

例題9.4

　孤立系で可逆変化が起こった場合，エントロピーは変化するか。

解答

　変化しない。孤立系では熱の出入りはなく，$\mathrm{d}q(可逆)=0$ となるため。

例題9.5

　標準大気圧下で0℃の水 1.00 g を凍らせると 334 J の熱が外界に放出される。0℃の氷 1.00 mol が融解するときのエントロピー変化はいくらか。

解答

　系と外界の温度差を無限小とすることで，可逆的（準静的）に融解させることができる。また，融解に際して系に入る熱と凝固に際して系から出る熱は等しい。
$$\Delta S = 18.0 \times 334/273.15 = 22.0\,J\,K^{-1}$$

9.5　可逆過程におけるエントロピー変化

　9.3節で述べた，理想気体の等温可逆膨張におけるエントロピー変化を求めてみよう。理想気体の等温膨張の過程は，温度一定のため，内部エネルギーの変化はない（8.A節参照）。また，圧力と体積の積 PV は一定であるので，エンタルピーの値も変わらない。しかし，膨張により，気体のエントロピーは変化する。式(9.3)に示したように等温膨張により，外界から系に可逆的に $nRT \ln(V_2/V_1)$ の熱が流れ込む。よって系のエントロピー変化 $\Delta S_{系}$ は

$$\Delta S_{系} = nR \ln \frac{V_2}{V_1} \tag{9.8}$$

である。系が吸収する熱と外界が放出する熱は等しい。また，可逆過程であるためには系と外界の温度差は無限小でなければならない。よって，外界のエントロピー変化 $\Delta S_{外界}$ は，$\Delta S_{系}$ と絶対値が等しく符号が逆になるはずである。すなわち，$\Delta S_{外界} = -\Delta S_{系}$ で，全系のエントロピー変化 $\Delta S_{全系}$ は

$$\Delta S_{全系} = \Delta S_{系} + \Delta S_{外界} = 0 \tag{9.9}$$

となる。可逆過程では，系のエントロピーが増加しても，外界のエントロピーが同じだけ減少するために，全系のエントロピーは変化しない。

例題9.6

20℃, 2.0 mol の理想気体を 3.0 cm³ から 4.6 cm³ まで等温膨張させた。系のエントロピー変化はいくらか。

解答

7.1 J K⁻¹

9.6　不可逆過程におけるエントロピー変化

図 9.1(a) のような容器内の物質量 n の理想気体が不可逆的に自由膨張する場合を考えよう。気体の膨張に際し，気体のする仕事はゼロであり，熱の出入りもない。しかし，可逆過程ではないので，熱の出入りがないからといって，エントロピー変化がゼロということにはならない。図 9.1(b) のように体積が $V_2=P_1V_1/P_2$ となった時点で膨張が止まるとすれば，始めの状態と終わりの状態は，9.5節の可逆的膨張の場合と同じである。エントロピーが状態量であることを考えれば，系のエントロピーは，$\Delta S_{系}=nR\ln(V_2/V_1)$ だけ増加していなければならない。一方，外界には変化がない。よって $\Delta S_{外界}=0$ であり，全系のエントロピーは増大している。このように不可逆過程が含まれる場合，一般に全系のエントロピーは増大する。言い換えると，孤立系では，エントロピーが増大する方向に過程は進行し，エントロピーが極大となったところで見かけ上の変化がなくなる。

次に，不可逆的な熱伝導を考えよう。図 9.2 に示すような断熱容器の中に入った物体があり，絶対温度 T_1 の熱い部分と T_2 の冷たい部分が接触しているとする。当然，熱は熱い部分から冷たい部分へと移動する。高温部は dq の熱を失い，低温部は dq の熱を受け取るとする。また，dq は小さく，この間の温度変化は無視できるとする。このままでは，不可逆過程であり，エントロピー変化の計算はできない。そこで，T_1 よりわずかだけ温度の低い物体と T_2 よりわずかだけ温度の高い物体を高温部と低温部に接触させ，それぞれ dq の熱の移動を起こさせる。温度差が無限小であれば，これらの過程は可逆的に起こさせることができる。このとき，着目した系のエントロピー変化は

$$dS = -\frac{dq}{T_1}+\frac{dq}{T_2}=dq\left(\frac{T_1-T_2}{T_1T_2}\right)>0 \tag{9.10}$$

となり，エントロピーは増大する。

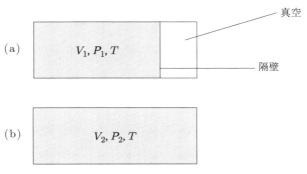

図 9.1　気体の不可逆的膨張

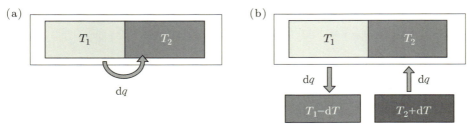

図 9.2　不可逆的熱伝導

例題 9.7

図 9.3 のように，片方には物質量 n の窒素を，もう片方には物質量 n の酸素を入れた容器を考える。容器の体積はそれぞれ V とする。その後，仕切り板を取り去り，両者が混合するようにする。系のエントロピー変化はいくらか。気体はどちらも理想気体としてよい。気体定数を R とする。

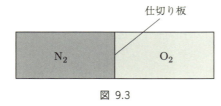

図 9.3

解答

窒素の体積膨張によるエントロピー変化が $nR\ln 2$，酸素の体積膨張によるエントロピーの変化が同じく $nR\ln 2$ で，両者を併せて，エントロピー変化は $2nR\ln 2$。

例題 9.7 において，両方に同じ種類の気体を入れた場合には，仕切り板をとっても状態に変化はなく，エントロピーの変化はない。これをギブズのパラドクス（逆説）といい，一見矛盾しているように思える。この矛盾を解くには，9.A 節で触れる統計力学を用いる必要がある。そこには，「同種の気体分子は互いに見分けることはできない」という量子力学の要請がある。

9.7　エントロピーの絶対値と熱力学第三法則

エントロピー変化 $\mathit{\Delta}S$ は自然界で起こる変化の方向に関係する量であり，S_1 と S_2 という 2 つの異なる状態のエントロピーの差として実測可能な量である。しかし，$\mathit{\Delta}S$ を S_1 と S_2 に分けて扱うためには，エントロピーをゼロと定義できるような基準となる状態を定める必要がある。通常は，絶対零度における純物質（結晶）のエントロピーをゼロとする。これを**熱力学第三法則**と呼ぶ。ある純物質の標準大気圧下での定圧比熱容量を C_P とするとき，その物質の単位物質量あたりの絶対温度 T_0 におけるエントロピー $S(T_0)$ は

$$S(T_0)=\int_0^{T_0}\frac{\mathrm{d}q(\text{可逆})}{T}=\int_0^{T_0}\frac{C_P}{T}\mathrm{d}T \tag{9.11}$$

となる。表 9.1 にいろいろな物質の標準状態（25℃）での単位物質量あたりのエントロピー（**標準エントロピー** $S°$）の測定値をまとめる。

表 9.1　代表的な化合物の標準エントロピー（25℃）

物質	化学式	状態	標準エントロピー $S°/\mathrm{J\,mol^{-1}\,K^{-1}}$
水	H_2O	液体	69.9
二酸化炭素	CO_2	気体	213.6
一酸化炭素	CO	気体	197.9
アンモニア	NH_3	気体	192.5
メタン	CH_4	気体	186.2
エタン	C_2H_6	気体	229.5
エテン（エチレン）	C_2H_4	気体	219.5
エチン（アセチレン）	C_2H_2	気体	200.8
ベンゼン	C_6H_6	液体	173.2
メタノール	CH_3OH	液体	126.8
エタノール	C_2H_5OH	液体	159.9

例題 9.8

定圧比熱容量 C_P が温度に依存しない場合，定圧条件下で絶対温度を T_1 から T_2 まで上昇させた場合のエントロピー変化を求めよ。物質量を n とする。

解答

$$\mathrm{d}S = \frac{\mathrm{d}q(\text{可逆})}{T} = \frac{nC_P\,\mathrm{d}T}{T}$$

C_P は温度に依存しないので

$$\Delta S = \int_1^2 \frac{nC_P}{T}\,\mathrm{d}T = nC_P \ln\frac{T_2}{T_1}$$

例題 9.9

式(9.11)で，定圧比熱容量がまったく温度に依存しないとすると矛盾が生じる。どのような矛盾か。

解答

温度 T がゼロに近づいた際に被積分関数が無限大に発散すること。これは，絶対零度で定圧比熱容量がゼロに収束しなければならないことを意味する。

9.8　ギブズエネルギー

不可逆過程が起これば，全系のエントロピーは増大する。これは，孤立系のエントロピーは決して減少することはないことを意味している。では，孤立系ではない，より現実的な系ではどうであろうか。本節では，エンタルピーとエントロピーを使って定義される**ギブズエネルギー**（ギブズの自由エネルギー）G について解説する。ギブズエネルギーは，等温定圧条件下で自発変化の起こる方向を与える指標となる。理想気体を考える限り，等温定圧条件下では，異種気体の混合などの場合を除いて何事も起こらない。ギブズエネルギーの導入は化学反応や融解，蒸発など，物質量変化を伴うより実際的な状態変化を見据えてのものである。

ギブズエネルギー G は

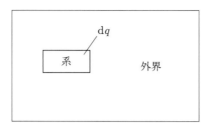

図 9.4

$$G = H - TS \tag{9.12}$$

で定義される。H, S, T はいずれも状態量であるから G も状態量（示量変数）になる。式(9.12)を微分すると

$$dG = dH - TdS - SdT \tag{9.13}$$

となる。変化を等温定圧条件下のものに限定すると，$dT = 0$ であり，$dH = dq$ であるから

$$dG = dH - TdS = dq - TdS \tag{9.14}$$

となる。

図 9.4 に示すような大きな外界に囲まれた系があるとする。この系の絶対温度 T と圧力 P は一定に保たれ，その中で不可逆過程が起こり，dq の熱が外界から系に入ったとする。なお，外界は十分大きく，dq の熱が流出しても温度は T のままで，変化は無視できるものとする。その場合，外界のエントロピー変化は

$$dS_{外界} = -dq/T \tag{9.15}$$

で与えられる。一方，不可逆過程が起こっているので，全系のエントロピーは増大していなければならない。

$$dS_{系} + dS_{外界} > 0, \tag{9.16}$$

$$dS_{系} - dq/T > 0 \tag{9.17}$$

ここで $dS_{系}$ の「系」を省略して dS と書けば

$$TdS - dq > 0, \tag{9.18}$$

$$dG < 0 \tag{9.19}$$

となる。これは，等温定圧条件下で自発的に不可逆過程が起こるなら，dG は負でなければならないことを示している。また，$dG = 0$ の場合，すなわち，物質量の変化に対してギブズエネルギーが変化しないような条件では，系の変化は見かけ上起こらず平衡状態となる（10.2 節参照）。なお，等温定圧でない条件下（たとえば等温定容条件下）では，当然 dG とは別の判断基準が必要となる。

等温定圧条件下で式(9.14)を積分すると，ギブズエネルギー変化 ΔG は

$$\Delta G = \Delta H - T\Delta S \tag{9.20}$$

で表される。化学反応過程の ΔG は，標準状態（25℃）での値であれば，表 8.2 や表 9.1 の値などから容易に計算できる。この生成物と反応物の間のギブズエネルギーの差 ΔG は等温定圧条件下での反応の起こりやすさの目安になる。たとえば A → B と B → A という反応が同時に起こるような場合（可逆反応，10.2 節参

厳密には，平衡状態となるための条件は，G が極小になることであり，$dG = 0$ に加えて，G の 2 次微分が正であることが必要である。しかし，2 次微分が負となり，G が極大値にとどまることは通常では考えられない。

9.8 ギブズエネルギー

表 9.2 等温定圧条件下における反応の自発性と ΔG, ΔH, ΔS の関係

	自発的起こりやすさ
$\Delta G < 0$	反応が自発的に起こりやすい
$\Delta G > 0$	逆の反応が自発的に起こりやすい
$\Delta H < 0$（発熱反応）	反応が自発的に起こることに対して有利に働く
$\Delta H > 0$（吸熱反応）	ΔS が正であり，十分大きければ起こりえる
$\Delta S > 0$	反応が自発的に起こることに対して有利に働く
$\Delta S < 0$	ΔH が負であり，発熱量の大きな反応であれば起こりえる

照），ΔG が負のときは平衡状態において B の濃度（分圧）が A の濃度（分圧）よりも大きくなり，ΔG が正のときには逆になる。しかし，一般に反応がどこまで進むかについての定量的議論は，積分値である ΔG だけでは無理で ΔG から派生する標準平衡定数（10.3 節参照）を用いる必要がある。表 9.2 に反応の起こりやすさと ΔG，ΔH，ΔS の関係をまとめる。

例題 9.10

式 (9.13) から
$$dG = V dP - S dT$$
を導け。

解答

G は状態量であるから，可逆過程を仮定して計算してもよい。熱力学第一法則より

$$dU = dq（可逆）- dw = dq（可逆）- P dV \tag{9.21}$$

である。また，$dq（可逆）= T dS$ であるから

$$dU = T dS - P dV \tag{9.22}$$

である。

$$dH = dU + d(PV) = dU + P dV + V dP \tag{9.23}$$

であるから，式 (9.22) を式 (9.23) に代入すると

$$dH = T dS + V dP \tag{9.24}$$

となる。式 (9.24) を式 (9.13) に代入すると

$$dG = dH - T dS - S dT = V dP - S dT$$

を得る。G は状態量であるから，この式は不可逆過程においても成立する。

酸素-エチン（アセチレン）炎は，3000℃以上の高温になるので，工事現場などで溶接用に広く用いられている。ただし，例題 9.11 にあるように，エチンは反応してより大きな分子になろうとする傾向があり，その反応過程においては爆発の危険性もある。そのため，エチンをボンベに保管する際には，アセトンなどに溶かして高圧にならないようにしている。

例題 9.11

エチンは鉄触媒存在下で付加反応によりベンゼンとなる。表 8.2 と表 9.1 を用いて，$3 C_2H_2(g) \rightarrow C_6H_6(l)$ なる反応の標準状態（25℃）での ΔG を計算せよ。

解答

$$\Delta H = 1 \times 49.0 - 3 \times 226.7 = -631.1 \, \text{kJ},$$
$$\Delta S = 1 \times 173.2 - 3 \times 200.8 = -429.2 \, \text{J K}^{-1},$$
$$\Delta G = -631.1 - 298.15 \times (-429.2) \times 10^{-3} = -503.1 \, \text{kJ}$$

なお，この ΔG から標準平衡定数（10.3 節参照）を計算すると，平衡状態ではほとんどすべてのエチンがベンゼンに変換されることが予想される。

9.A 統計力学とエントロピー

統計力学とは，物質（系）をミクロな視点で捉え，温度や圧力などのマクロな性質を導き出す学問である。統計力学では，熱力学とは異なり，原子，分子レベルでの探求を行っているといえる。統計力学でもエントロピーという概念が登場するが，そこでは乱雑さの尺度という意味が与えられる。熱力学では，熱が流入する際にエントロピーが増大する。分子運動論の立場からすれば，分子が熱を受け取ることで分子運動が活発になり，系の無秩序さが増大すると解釈できる。また，乱雑さの増加量は温度が高いほど相対的に小さくなるので，熱の移動量が同じでも温度が高いほどエントロピー変化は小さくなる。

第9章演習問題

問題9.1

エネルギーは保存されるものであり，減ることはない。にもかかわらず，さかんにエネルギー問題が叫ばれているのはなぜだろうか。

問題9.2

冷蔵庫は庫内から外部へ熱を移動させる装置である。ある暑い日に部屋を涼しくしようとして，締め切った部屋で冷蔵庫を開け放った。この行為は有効だろうか。

問題9.3

自然界では雪の結晶のようにきわめて規則正しいものが作られることも多い。このような過程はエントロピー増大の法則に違反していないだろうか。

問題9.4

水の定圧比熱容量が $4.2 \, \mathrm{J \, K^{-1} \, g^{-1}}$ で一定とみなせるとして，標準大気圧下で $27 \, ℃$ の水 1.0 mol を $77 \, ℃$ に加熱した場合のエントロピー変化を計算せよ。

問題9.5

窒素の定圧比熱容量 C_P は，絶対温度 T の関数として $C_P/(\mathrm{J \, K^{-1} \, mol^{-1}}) = 28.58 + 3.76 \times 10^{-3} \, T/\mathrm{K} - 0.50 \times 10^5/(T/\mathrm{K})^2$ で表される。単位物質量（$1 \, \mathrm{mol}$）の窒素を定圧条件下で $25 \, ℃$ から $225 \, ℃$ まで加熱したときのエントロピー変化を計算せよ。

問題9.6

標準状態（$25 \, ℃$）において $1.00 \, \mathrm{mol}$ の N_2O_4 が分解し，$2.00 \, \mathrm{mol}$ の NO_2 が生成する反応のエンタルピー変化およびエントロピー変化は，それぞれ，$57.2 \, \mathrm{kJ}$ および $175.8 \, \mathrm{J \, K^{-1}}$ である。この反応のギブズエネルギー変化を計算せよ。また，この反応の自発的起こりやすさについて論ぜよ。

10 物質変化の駆動力と平衡

第9章では，物質の変化の方向を決める物理量としてギブズエネルギーについて学んだ。変化の起こりやすさについて，もう一歩踏み込んで考えると，変化が起こるには，なにか推進力があるように感じられる。ピストンは圧力差により移動する。熱の移動では温度差が推進力となる。物質変化における推進力は**化学ポテンシャル**と呼ばれるものでギブズエネルギーと密接な関係にある。また，物質の変化も永遠に続くことはなく，やがて見かけ上何も起こっていない状態となる。このような時間的に変化のない状態を**平衡状態**と呼ぶ。第10章では，まず，化学ポテンシャルについて学び，そして化学反応を含む系での平衡について学ぶ。

10.1 化学ポテンシャル

ここまで，多く理想気体を扱ってきた。理想気体では，一部の例外を除いて等温定圧条件下や等温定容条件下においてギブズエネルギーが変化することはない。ギブズエネルギーの導入は，より現実的な気体と液体が共存する系や化学反応を想定した系を扱うことを前提としている。これは，これまで定数として扱ってきた物質量 n を変数として扱うことに相当する。そこで，新たなる状態量として**化学ポテンシャル** μ というものを導入する。化学ポテンシャルは，純物質（一成分系）であれば単位物質量（1 mol）あたりのギブズエネルギーに一致し，物質の移動の指標となる。

純物質のギブズエネルギーを圧力 P，絶対温度 T および物質量 n の関数として $G(P, T, n)$，化学ポテンシャルを $\mu(P, T)$ と記述すると，G が示量変数であり，示量変数は同等な系を x 個合体させれば（物質量と体積を x 倍にすれば）x 倍となることを考えれば

$$G(P, T, n) = n\mu(P, T) \tag{10.1}$$

が成立する。これは，等温定圧条件下でギブズエネルギーを物質量で微分したものが化学ポテンシャルであり

$$dG = \mu dn \qquad (T, P＝一定) \tag{10.2}$$

と書けることを意味する。また，第9章の例題9.10で出てきた式 $dG = VdP - SdT$ は，物質量を変数として扱うようにしたため，次のように拡張される。

$$dG = VdP - SdT + \mu dn \tag{10.3}$$

> 化学ポテンシャルは，「化学」以外の分野でも重要な概念である。固体物理や半導体工学分野で使われる「フェルミ準位」は，固体中の電子1個あたりの化学ポテンシャルにほかならない。よって，無バイアスのpn接合では，p型とn型部分のフェルミ準位（化学ポテンシャル）は平衡状態において等しい。

111

例題 10.1

単位物質量あたりの水素分子のエンタルピーが $(7/2)RT$ で与えられるとして，標準大気圧下，298 K と 400 K における化学ポテンシャルを計算せよ。水素分子の標準エントロピーを $131\,\mathrm{J\,mol^{-1}\,K^{-1}}$ とし，エントロピーは温度に依存しないものとする。

解答

純物質であるから単位物質量（1 mol）あたりのギブズエネルギーを計算すればよい。

$\mu(298\,\mathrm{K}) = (7/2) \times 8.3145 \times 10^{-3} \times 298 - 298 \times 131 \times 10^{-3} = -30.4\,\mathrm{kJ\,mol^{-1}}$

$\mu(400\,\mathrm{K}) = (7/2) \times 8.3145 \times 10^{-3} \times 400 - 400 \times 131 \times 10^{-3} = -40.8\,\mathrm{kJ\,mol^{-1}}$

例題 10.2

化学ポテンシャルは示量変数か，示強変数か。

解答

示量変数であるギブズエネルギーを同じく示量変数である物質量で微分しているので，示強変数となる。

10.2 化学平衡

10.2.1 気相反応における化学平衡

同じ物質量の水素と臭素を混合し，温度を上げて気体の状態で放置する。そうすると，臭化水素が発生し，水素と臭素の物質量は減少する。しかし，すべてが，臭化水素になるわけではなく，水素，臭素，臭化水素の分圧がある一定値に達した段階で反応が停止したように見える。これが，**化学平衡**である。化学平衡の状態では，反応が停止しているわけではない。H_2 と Br_2 から HBr が生成する反応（**正反応**）と HBr から H_2 と Br_2 が生成する反応（**逆反応**）がつり合っているのである。

$$H_2(g) + Br_2(g) \rightarrow 2\,HBr(g) \quad (正反応), \tag{10.4}$$

$$2\,HBr(g) \rightarrow H_2(g) + Br_2(g) \quad (逆反応) \tag{10.5}$$

このような正反応と逆反応がともに起こる反応は**可逆反応**と呼ばれ，反応が続いていることは，次のような実験で示すことができる。図 10.1 のような管でつながれた 2 つの容器を用意し，片方には H_2 と Br_2 を，もう片方には D_2（重水素）と Br_2 を入れる。始めは 2 つの容器の間のバルブは閉じておく。時間の経過とともに，$HBr(DBr)$ が生成し，見かけ上の変化がない**平衡状態**となる。

この状態で，2 つの容器をつなぐバルブを開ける。さらに放置すると，バルブを

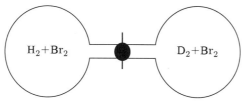

図 10.1

10.2 化 学 平 衡

開けた段階では存在しないはずの HD が生成していることが確認される。これは，反応が停止しているのではなく

$$\mathrm{HBr+DBr \to HD+Br_2} \tag{10.6}$$

といった反応が起きていることを示している。もちろん，$2\,\mathrm{HBr \to H_2+Br_2}$ というような反応も同時に起きている。

化学平衡の状態における正反応と逆反応をあわせて平衡反応と呼び

$$\mathrm{H_2+Br_2 \rightleftharpoons 2\,HBr} \tag{10.7}$$

> 本書では，平衡定数が無次元量であることを強調する意味で「標準平衡定数」ということばを使用する。

のように記す。そして，**標準平衡定数** $K°$ は以下の式で定義され

$$K°=\frac{(P_{\mathrm{HBr}}/P°)^2}{(P_{\mathrm{H_2}}/P°)(P_{\mathrm{Br_2}}/P°)}=\frac{P_{\mathrm{HBr}}{}^2}{P_{\mathrm{H_2}}P_{\mathrm{Br_2}}} \tag{10.8}$$

温度を固定すれば全圧にも分圧にも依存しない一定の値となる（10.3 節にて詳述）。ここで，$P_{\mathrm{H_2}}$，$P_{\mathrm{Br_2}}$，P_{HBr} はそれぞれの成分の平衡状態における分圧であり，$P°$ は基準となる圧力（通常は標準大気圧，$1.013 \times 10^5\,\mathrm{Pa}$）である。式(10.8)の場合，$P°$ は約分されて，分圧を $P°$ で割り算した効果は現れないが，例題 10.3 のような分子数が変化する反応では，割り算をしないと標準平衡定数が無次元量とならない。10.3 節に示すように標準平衡定数をギブズエネルギー変化と関係づけるには，無次元量にしておく必要がある。

例題 10.3

反応 $2\,\mathrm{O_3} \rightleftharpoons 3\,\mathrm{O_2}$ の標準平衡定数をそれぞれの分圧を用いて書け。

解答

$$K°=\frac{(P_{\mathrm{O_2}}/P°)^3}{(P_{\mathrm{O_3}}/P°)^2}=\frac{P_{\mathrm{O_2}}{}^3}{P_{\mathrm{O_3}}{}^2}\frac{1}{P°}$$

$P°$ は標準大気圧で，$K°$ は無次元量となっている。

例題 10.4

$500\,\mathrm{K}$ における反応 $\mathrm{H_2+D_2} \rightleftharpoons 2\,\mathrm{HD}$ の標準平衡定数は 3.6 である。逆反応 $2\,\mathrm{HD} \rightleftharpoons \mathrm{H_2+D_2}$ の標準平衡定数を求めよ。

解答

$K°$（逆反応）$=1/K°$（正反応）と考えられるので 0.28 となる。

10.2.2 液相反応における化学平衡

水は，わずかであるが電離する。

$$\mathrm{H_2O \rightleftharpoons H^+ + OH^-} \tag{10.9}$$

実際には，$\mathrm{H^+}$ イオンは $\mathrm{H_2O}$ 分子の O 原子に配位結合し，$\mathrm{H_3O^+}$ イオンとなるが，簡単のため，ここでは $\mathrm{H^+}$ と記す。気相反応の場合と同様に考えると標準平衡定数は以下のように書ける。

$$K°=\frac{([\mathrm{H^+}]/C°)([\mathrm{OH^-}]/C°)}{([\mathrm{H_2O}]/C°)} \tag{10.10}$$

しかし，式(10.9)の反応では，$\mathrm{H_2O}$ が $\mathrm{H^+}$ や $\mathrm{OH^-}$ に比べてきわめて多量に存在するため，両者を同等に扱うことはできない。このような場合には，溶媒の関与する部分を 1 とおき

$$K° = ([H^+]/C°)([OH^-]/C°) \qquad (10.11)$$

のように記す。ここで，$[H^+]$ と $[OH^-]$ は，H^+ と OH^- の**モル濃度**（単位体積の溶液中に含まれる溶質の物質量，12.3 節の欄外記事参照）であり，$C°$ は基準となる濃度で通常は $1\ mol\ dm^{-3}$ とする。なお，液相における標準平衡定数については，記述を簡略化するため式(10.12)のように $C°$ を省略して記述する。濃度の単位として $mol\ dm^{-3}$（これを M という記号で表す）を用い，$C° = 1\ M$ とする限り，$C°$ を省略しても数値は変わらない。

$$K° = [H^+][OH^-] \qquad (10.12)$$

25℃の純水においては，H^+ イオンと OH^- イオンの濃度は，ともに $1.0 \times 10^{-7}\ M$ であることが知られているので，$K° = 1.0 \times 10^{-14}$ となる。

アンモニアが水に溶けて，アンモニウムイオンになる反応

$$NH_3 + H_2O \rightleftharpoons NH_4^+ + OH^- \qquad (10.13)$$

においても，アンモニア濃度が希薄である場合には

$$K° = \frac{[NH_4^+][OH^-]}{[NH_3]} \qquad (10.14)$$

のように記す。

硫酸酸性での過マンガン酸カリウムによる過酸化水素の酸化反応とその逆反応は

$$2\ MnO_4^- + 5\ H_2O_2 + 6\ H^+ \rightleftharpoons 2\ Mn^{2+} + 5\ O_2(g) + 8\ H_2O \qquad (10.15)$$

という平衡反応で表される。式(10.15)に対する標準平衡定数は

$$K° = \frac{[Mn^{2+}]^2(P_{O_2}/P°)^5[H_2O]^8}{[MnO_4^-]^2[H_2O_2]^5[H^+]^6} \qquad (10.16)$$

のように書けるが，この反応によって生成する水は溶媒として存在する水に比べて無視できるほど少量なので，このような水溶液中の化学平衡に対する標準平衡定数は

$$K° = \frac{[Mn^{2+}]^2(P_{O_2}/P°)^5}{[MnO_4^-]^2[H_2O_2]^5[H^+]^6} \qquad (10.17)$$

のように表す。

例題 10.5

次の液相反応の標準平衡定数を書け。

$$3\ ClO_2^- \rightleftharpoons 2\ ClO_3^- + Cl^-,$$
$$CH_3COOH \rightleftharpoons CH_3COO^- + H^+$$

解答

$$K° = \frac{[ClO_3^-]^2[Cl^-]}{[ClO_2^-]^3}$$

$$K° = \frac{[CH_3COO^-][H^+]}{[CH_3COOH]}$$

10.2.3　固相を含む反応の化学平衡

塩化銀は難溶性の塩である。十分な量の固体の塩化銀を水に分散させると

$$AgCl(s) \rightleftharpoons Ag^+ + Cl^- \qquad (10.18)$$

という溶解平衡が成り立つ。固体と水溶液の界面では，常に固体の溶解と水溶液からの析出が起こり，両者がつり合い，見かけ上変化がなくなる。式(10.18)に対する標準平衡定数は，形式上

$$K° = \frac{[\mathrm{Ag^+}][\mathrm{Cl^-}]}{[\mathrm{AgCl(s)}]} \tag{10.19}$$

のように書けるが，塩化銀沈殿が水溶液内に存在する限り $[\mathrm{Ag^+}][\mathrm{Cl^-}]$ は一定である。このことを考慮して，難溶性塩の溶解平衡に対する標準平衡定数は

$$K° = [\mathrm{Ag^+}][\mathrm{Cl^-}] \tag{10.20}$$

のように表す。この値を K_{sp} と表し，**溶解度積**と呼ぶ。

例題 10.6

$\mathrm{Cu^{2+}}$ を含む水溶液に硫化水素を通じると
$$\mathrm{Cu^{2+} + H_2S(g) \rightleftharpoons CuS(s) + 2H^+}$$
という沈殿生成平衡が成り立つ。この式に対する標準平衡定数を表せ。

解答

$$K° = \frac{[\mathrm{H^+}]^2}{[\mathrm{Cu^{2+}}](P_{\mathrm{H_2S}}/P°)}$$

10.3 標準平衡定数と標準反応ギブズエネルギー

10.A 節に示すように，絶対温度 T，分圧 P_A の理想気体の状態方程式を満たす気体 A の化学ポテンシャル μ_A は

$$\mu_A = \mu_A° + RT\ln\frac{P_A}{P°} \tag{10.21}$$

で与えられる。$\mu_A°$ は，絶対温度 T，圧力 $P°$ における A の化学ポテンシャルである。溶液（厳密には理想希薄溶液，12.5 節参照）の場合は

$$\mu_B = \mu_B° + RT\ln\frac{C_B}{C°} \tag{10.22}$$

が成立する。μ_B は溶質 B の化学ポテンシャル，C_B は B のモル濃度，$\mu_B°$ は絶対温度 T，モル濃度 $C°$ における B の化学ポテンシャルである。通常は，$P°$ として標準大気圧を，$C°$ としては $1\,\mathrm{mol\,dm^{-3}}$ を用いる。

これを使って，平衡反応 $a\mathrm{A} + b\mathrm{B} \rightleftharpoons c\mathrm{C} + d\mathrm{D}$ の標準平衡定数とギブズエネルギー変化の関係を求めてみよう。以下，気相反応の場合について記述するが，溶液の場合は分圧が溶質の濃度に変わるだけで，議論の本質は変わらない。等温定圧条件下での平衡状態では物質量の変化に対してギブズエネルギーが極小となる。すなわち，物質 A, B, C, D の物質量を n_A, n_B などで表すと，$dG = \mu_A\,dn_A + \mu_B\,dn_B + \mu_C\,dn_C + \mu_D\,dn_D = 0$ が成立する。また物質収支から $-dn_A/a = -dn_B/b = dn_C/c = dn_D/d$ でなければならない。これらと式(10.21)から

$$a\mu_A° + aRT\ln\frac{P_A}{P°} + b\mu_B° + bRT\ln\frac{P_B}{P°} = c\mu_C° + cRT\ln\frac{P_C}{P°} + d\mu_D° + dRT\ln\frac{P_D}{P°} \tag{10.23}$$

が得られる。ここで，$\Delta G° = -a\mu_A° - b\mu_B° + c\mu_C° + d\mu_D°$ とおく。$\Delta G°$ は**標準反応**

キブズエネルギーと呼ばれ，a や b が物質量ではなく化学反応式の係数（無次元量）であるため，化学ポテンシャルと同じ次元をもち，単位は J ではなく J mol^{-1} である。式(10.23)から，$\Delta G°$ は次式で与えられる。

$$\Delta G° = -RT \ln\left\{\left(\frac{P_A}{P°}\right)^{-a}\left(\frac{P_B}{P°}\right)^{-b}\left(\frac{P_C}{P°}\right)^{c}\left(\frac{P_D}{P°}\right)^{d}\right\} \tag{10.24}$$

ところで，式(10.24)の対数部の真数は，10.2節で登場した標準平衡定数 $K°$ にほかならない。

$$\left(\frac{P_A}{P°}\right)^{-a}\left(\frac{P_B}{P°}\right)^{-b}\left(\frac{P_C}{P°}\right)^{c}\left(\frac{P_D}{P°}\right)^{d} = K° \qquad \text{（一定）} \tag{10.25}$$

よって，$K°$ と $\Delta G°$ の間には

$$\Delta G° = -RT \ln K° \tag{10.26}$$

または

$$K° = \exp\left(-\frac{\Delta G°}{RT}\right) \tag{10.27}$$

なる関係が成立する。これは，ある温度（25 ℃とは限定しない）での $\Delta G°$ が与えられれば，その温度での標準平衡定数 $K°$ を求めることができることを示している。$K°$ がわかれば，例題 10.8 に示すように，d$G=0$ となる平衡時の気体の分圧がわかり，反応が自発的に進行するかどうかの判断が可能となる。なお，理想気体の状態方程式を仮定する限り $\Delta G°$ は全圧にも分圧にも依存しない。これは $K°$ が温度のみの関数であることを意味する。液相反応でも事情は同様である。

化学反応が自発的に進むかどうかと反応がすみやかに進むかどうかは別問題である。活性化エネルギー（14.6 節参照）が存在するような反応では，化学平衡に達するまでにきわめて長い時間がかかる場合もある。

例題 10.7

N$_2$O$_4$ と NO$_2$ の標準生成エンタルピーはそれぞれ，9.2 kJ mol^{-1}，33.2 kJ mol^{-1}，標準エントロピーは 304.2 J mol^{-1} K^{-1}，240.0 J mol^{-1} K^{-1} である。273 K における平衡反応，N$_2$O$_4$(g) $\rightleftharpoons$ 2 NO$_2$(g) の標準平衡定数 $K°$ を求めよ。生成エンタルピーとエントロピーは温度に依存しないものとしてよい。

解答

反応系と生成系のギブズエネルギーの差を求めると

$$\Delta G° = 33.2 \times 10^3 \times 2 - 9.2 \times 10^3 - 273 \times (240.0 \times 2 - 304.2) \text{ J mol}^{-1}$$

となるから，式(10.27)より $K° = 0.017$ を得る。

例題 10.8

N$_2$O$_4$ と NO$_2$ が 273 K で化学平衡の状態になっているとする。全圧が 1000 Pa の場合の NO$_2$ の分圧を求めよ。

解答

N$_2$O$_4$ と NO$_2$ の分圧をそれぞれ x Pa，y Pa とする。

$$0.017 = \frac{y^2}{x}\frac{1}{1.013 \times 10^5},$$
$$x + y = 1000$$

より，7.1×10^2 Pa となる。

10.4 平衡の移動

反応の標準平衡定数 $K°$ は標準反応ギブズエネルギー $\Delta G°$ に関係づけられ，$\Delta G°$ は気体の圧力や溶液の濃度には依存しない。これは，以下の具体例に示すように，「平衡状態にある化学反応系において，圧力 P や温度 T のような条件を変化させると，その条件変化の影響を緩和する方向に反応が進み，新たな平衡状態となる」ことを意味する。これを**ルシャトリエの原理**という。なお，詳しくは述べないが，ルシャトリエの原理は平衡状態においてギブズエネルギー G が極小となることから一般論として導くことができる。

10.4.1 圧力の変化と平衡の移動

ルシャトリエの原理によると一定温度で系を圧縮して圧力を増大させると，圧力増加を緩和させる方向に平衡は移動する。四酸化二窒素 N_2O_4 は無色の気体であるが，室温大気圧下では一部が分解して褐色の二酸化窒素 NO_2 となっている。四酸化二窒素と二酸化窒素の平衡反応

$$N_2O_4(g) \rightleftharpoons 2\,NO_2(g) \tag{10.28}$$

では，左辺の係数が 1 で右辺の係数が 2 であるから，反応が左方向に進むと圧力は減少する。したがって，系を等温圧縮して全圧を増大させると，平衡は左方向に移動すると考えられる。これを標準平衡定数 $K°$ が全圧 P に依存しないとして導いてみよう。いま，単位物質量（1 mol）の N_2O_4 が解離して a mol の NO_2 を生成して平衡に達したとする。この場合，反応開始前と平衡時の物質量と圧力（分圧と全圧）は表 10.1 のようになる。

表 10.1 N_2O_4 および NO_2 の物質量と圧力の関係

	N_2O_4	NO_2	系全体
反応前の物質量/mol	1	0	1
平衡時の物質量/mol	$1-\dfrac{a}{2}$	a	$1+\dfrac{a}{2}$
全圧をPとしたときの平衡時の圧力	$\dfrac{(2-a)P}{2+a}$	$\dfrac{2aP}{2+a}$	P

したがって，式(10.28)の反応に対する標準平衡定数 $K°$ は，標準大気圧を $P°$ として

$$K° = \frac{\left(\dfrac{2aP}{(2+a)\,P°}\right)^2}{\left(\dfrac{(2-a)\,P}{(2+a)\,P°}\right)} = \frac{4a^2}{4-a^2}\,\frac{P}{P°} \tag{10.29}$$

となる。式(10.29)を変形すると

$$a^2 = \frac{4K°P°}{K°P°+4P} \tag{10.30}$$

を得る。式(10.30)から P が大きくなるほど a は小さくなるので，系の圧力を増大させると式(10.28)の平衡は左方向に移動することがわかる。

例題 10.9

$N_2O_4(g)$ と $NO_2(g)$ の平衡において，N_2O_4 および NO_2 の物質量を a および b で表した場合，絶対温度 T 一定の条件下で系の体積 V を減少させると式 (10.28) の平衡が左方向に移動することを示せ。気体はすべて理想気体の状態方程式に従うとしてよい。

解答

気体定数を R，標準大気圧を $P°$ とすると，標準平衡定数 $K°$ は

$$K° = \frac{\left(\dfrac{bRT}{P°V}\right)^2}{\dfrac{aRT}{P°V}} = \frac{b^2RT}{aP°V}$$

となる。これより，V を小さくすると b^2/a は小さくなることがわかる。この際，a と b がともに大きくなったり，ともに小さくなったりすることはありえない。そのため b は小さく，a は大きくなる。すなわち式 (10.28) の平衡を左方向へ移動させることになる。

10.4.2 温度の変化と平衡の移動

一定圧力下で系の温度を上げると，温度上昇を緩和する方向に平衡は移動する。たとえば，アンモニアの標準生成エンタルピー $\Delta_f H°$ は表 8.2 に示したように $-46.1\,\text{kJ}\,\text{mol}^{-1}$ であるので，以下のアンモニアの生成反応は $92.2\,\text{kJ}$ の発熱反応となる。

$$N_2 + 3\,H_2 \rightarrow 2\,NH_3 \qquad \Delta_r H° = -92.2\,\text{kJ} \qquad (10.31)$$

よって，$N_2 + 3\,H_2 \rightleftharpoons 2\,NH_3$ の化学平衡が成立している系において温度を上げると，その影響を緩和する方向，すなわち N_2 と H_2 が生成する側（左方向）に平衡は移動する。これとは逆に，正反応が吸熱反応の場合は，系の温度を上げると平衡は右方向へ移動する。

例題 10.10

式 (9.20) の関係から $\Delta G°$ は

$$\Delta G° = \Delta H° - T\Delta S°$$

のように単位物質量あたりのエンタルピー変化 $\Delta H°$ とエントロピー変化 $\Delta S°$ に関係づけられる。$\Delta H°$ と $\Delta S°$ は温度に依存しないとして，温度変化についてのルシャトリエの原理が成立することを示せ。

解答

式 (10.27) より

$$K° = \exp(-\Delta G°/RT) = \exp(-\Delta H°/RT + \Delta S°/R)$$

が成立する。絶対温度 T_1, T_2 $(T_2 > T_1)$ における標準平衡定数を $K_1°$, $K_2°$ とすると

$$K_2°/K_1° = \exp(-\Delta H°/RT_2 + \Delta S°/R + \Delta H°/RT_1 - \Delta S°/R)$$
$$= \exp\{(\Delta H°/R)(1/T_1 - 1/T_2)\}$$

となる。発熱反応の場合は $\Delta H° < 0$ であるので，$K_2°/K_1° < 1$ となり，温度を高くすると平衡は左方向に移動する。吸熱反応の場合は $\Delta H° > 0$ であるので，$K_2°/K_1° > 1$ となり，温度を高くすると平衡は右方向に移動する。

10.4.3 濃度の変化と平衡の移動

等温定圧のもとで平衡反応に含まれる成分のうち，ある1つの成分の濃度を大きくすると，その成分の濃度が小さくなる方向に平衡が移動する。水溶液中での酢酸の解離平衡

$$CH_3COOH \rightleftharpoons CH_3COO^- + H^+ \qquad (10.32)$$

において，塩酸を加えて H^+ のモル濃度 $[H^+]$ を大きくした場合の平衡が移動する方向を考える。a mol の酢酸を含む a dm³ の水溶液では，酢酸の電離度を $x(x \ll 1)$ とすると，それぞれのモル濃度は表10.2に示すような関係を満足する。

表 10.2　塩酸無添加系での CH_3COOH, CH_3COO^- および H^+ の濃度の関係

	$[CH_3COOH]$	$[CH_3COO^-]$	$[H^+]$
解離前の濃度/M	1	0	0
平衡時の濃度/M	$1-x \approx 1$	x	x

よって，式(10.32)の標準平衡定数 $K°$ は

$$K° = \frac{[CH_3COO^-][H^+]}{[CH_3COOH]} = x^2 \qquad (10.33)$$

で与えられる。

次に，a mol の酢酸と a mol の塩化水素を含む a dm³ の水溶液を考える。塩化水素の電離度は1とみなしてよいので，この系では1Mの $[H^+]$ を含む水溶液で酢酸の解離平衡を考えることになる。この系での酢酸の電離度を $y(y \ll 1)$ とするとそれぞれのモル濃度の関係は表10.3のようになる。

表 10.3　塩酸添加系での CH_3COOH, CH_3COO^- および H^+ の濃度の関係

	$[CH_3COOH]$	$[CH_3COO^-]$	$[H^+]$
解離前の濃度/M	1	0	1
平衡時の濃度/M	$1-y \approx 1$	y	$1+y \approx 1$

この場合，標準平衡定数 $K°$ は

$$K° = \frac{[CH_3COO^-][H^+]}{[CH_3COOH]} = y \qquad (10.34)$$

で与えられる。$K°$ は温度が等しければ，平衡に含まれる成分の濃度には依存しないので，$x^2 = y$ が成り立つ必要がある。ここで，$1 > x > 0$，$1 > y > 0$ であるので，$x > y$ でなければならない。すなわち，解離平衡にある酢酸に塩酸を加えて $[H^+]$ を大きくすると，系の $[H^+]$ を小さくするように平衡は左方向へ移動する。

120   10. 物質変化の駆動力と平衡

例題 10.11

アンモニア水にフェノールフタレイン溶液を添加すると赤変する。これは，アンモニアが水溶液内で

$$NH_3 + H_2O \rightleftharpoons NH_4^+ + OH^- \tag{10.35}$$

のように加水分解しているためである。このアンモニア水に塩化アンモニウムを加えていくと，ある添加量に達するとフェノールフタレインの赤色が消失する。この現象をルシャトリエの原理に基づいて説明せよ。

解答

塩化アンモニウムは，水によく溶け，水溶液中では

$$NH_4Cl \rightarrow NH_4^+ + Cl^-$$

のように完全に解離する。したがって，塩化アンモニウムの添加量が増すほど溶液内の NH_4^+ が増加し，それに伴い式 (10.35) の平衡が左方向に移動する。その結果，溶液内の OH^- が減少し，pH が低下するので，フェノールフタレインの赤色が消失する。

例題 10.12

体積を一定に保った以下の平衡反応系について

$$4\,NH_3(g) + 3\,O_2(g) \rightleftharpoons 2\,N_2(g) + 6\,H_2O(g)$$

(a) N_2 の添加，(b) NH_3 の除去，(c) H_2O の除去の効果を予測せよ。

解答

(a) と (b) では逆反応方向に平衡は移動する。(c) では正反応方向に平衡は移動する。

10.A 化学ポテンシャルの圧力依存性

物質量 n の理想気体の絶対温度 T での等温過程に話を限定すると $dG = VdP = (nRT/P)dP$ が成立する。基準となる圧力 $P°$（通常は標準大気圧）を決め，そのときのギブズエネルギーを $G°$ とする。圧力が $P°$ から x に変化したときの変化量 ΔG は次のように計算できる。

$$\Delta G = nRT \int_{P°}^{x} \frac{dP}{P} = nRT \ln \frac{x}{P°}$$

ここで圧力 P のときのギブズエネルギーを G と書くと

$$G = G° + nRT \ln \frac{P}{P°}$$

と表される。単位物質量を考えれば，G は化学ポテンシャル μ となり

$$\mu = \mu° + RT \ln \frac{P}{P°}$$

が成立する。$\mu°$ は，圧力 $P°$ における化学ポテンシャルである。

詳細は省略するが，混合気体の場合は，P がその気体の分圧に置き換わるだけで，同様な式が成立する。また，混合気体のギブズエネルギーは，各気体の物質量と化学ポテンシャルの積の和で与えられる。たとえば，物質量 n_A，分圧 P_A の気体と物質量 n_B，分圧 P_B の気体の混合物のギブズエネルギー G は

$$G = n_A \mu_A^{\circ} + n_A RT \ln \frac{P_A}{P^{\circ}} + n_B \mu_B^{\circ} + n_B RT \ln \frac{P_B}{P^{\circ}}$$

である。ただし，μ_A°，μ_B° は純粋な A，B の圧力 P° における化学ポテンシャルである。

　溶液（厳密には理想希薄溶液）の溶質 B についても，圧力が濃度に変わるだけで，同様な関係式が成立する。

$$\mu_B = \mu_B^{\circ} + RT \ln \frac{C_B}{C^{\circ}}$$

ここで，C_B は溶質 B のモル濃度，C° は基準となる溶質のモル濃度（通常は 1 mol dm^{-3}），μ_B° はモル濃度 C° における B の化学ポテンシャルである。また，溶媒については

$$\mu_A = \mu_A^* + RT \ln x_A$$

が成立する。μ_A^* は純溶媒 A の化学ポテンシャル，x_A は溶媒のモル分率（12.3 節参照）である。

第 10 章演習問題

問題 10.1
　鉄触媒存在下，500 K で窒素と水素を混合したところ，アンモニアを含む平衡に達した。平衡混合物を分析したところ，NH$_3$，N$_2$，H$_2$ が，それぞれ 0.796，0.305，0.324 mol dm^{-3} であった。この反応の標準平衡定数を求めよ。気体はすべて理想気体の状態方程式に従うとしてよい。

問題 10.2
　次の反応系を等温圧縮したときに平衡組成はどのように変化するか。
$$CH_4(g) + H_2O(g) \rightleftharpoons CO(g) + 3\,H_2(g)$$

問題 10.3
　ダイヤモンドとグラファイト（黒鉛）が平衡にある混合物系を等温圧縮したとき，平衡組成は，原理的にどちらに偏るか。ダイヤモンドとグラファイトの密度はそれぞれ 3.5 g cm^{-3} および 2.3 g cm^{-3} である。

問題 10.4
　硫酸を工業生産する 1 つの段階に，酸化バナジウム (V) V$_2$O$_5$ 触媒存在下で SO$_2$ と O$_2$ から三酸化硫黄 SO$_3$ を生成させる反応がある。この反応において，圧力一定で温度を上げると平衡組成はどのように変わるか。また温度一定で圧縮するとどうなるか。SO$_2$ と SO$_3$ の標準生成エンタルピーをそれぞれ -296.8 kJ mol^{-1}，-397.8 kJ mol^{-1} とし，生成エンタルピーの温度依存は無視できるものとする。

問題 10.5
　圧力一定で温度だけを高くすると次の反応の平衡組成はどのように移動するか。
$$N_2O_4(g) \rightleftharpoons 2\,NO_2(g)$$
N$_2$O$_4$ と NO$_2$ の標準生成エンタルピーをそれぞれ，9.2 kJ mol^{-1}，33.2 kJ mol^{-1} とし，生成エンタルピーの温度依存は無視できるとする。

問題 10.6
　H$_2$ と I$_2$ の混合気体が HI との間で平衡に達しているとする。そのときの濃度が，H$_2$ が 0.018 mol dm^{-3}，I$_2$ は 0.022 mol dm^{-3} であるとする。H$_2$(g) + I$_2$(g) $\rightleftharpoons$ 2 HI(g) の標準平衡定数 $K^{\circ} = 64$ を使って，HI の濃度を求めよ。気体はすべて理想気体の状態方程式に従うとしてよい。

コラム：触媒 —— 持続可能な未来への鍵

　触媒は反応の化学平衡の状態を変えずに，反応速度を上げる役割を果たす物質である。触媒は人類の技術的進歩と産業の発展に重要な役割を果たしてきた。

　触媒が人類史において初めて大きなインパクトを与えたのは，鉄触媒によるアンモニアの合成（ハーバー–ボッシュ法）であろう。19 世紀，世界の人口増加に伴う食料不足が確実視され，食物の増産が人類の喫緊の課題であった。農作物の生育には窒素肥料が必要であるが，当時，窒素資源はチリ硝石（主成分 $NaNO_3$）に頼っており，資源の枯渇は時間の問題だった。そのため，空気中の窒素からアンモニアを合成する試みが，多くの研究者によってなされていた。

　気体の窒素からアンモニアを生成する化学反応

$$N_2(g) + 3 H_2(g) \rightarrow 2 NH_3(g)$$

は，反応エンタルピーが－92.2 kJ となる発熱反応である。そのため，低温にした方が平衡はアンモニア側に偏るが，温度が低すぎると反応が進まない。

　1906 年，ハーバーはオスミウム触媒を用いて反応速度を上げ，気体の窒素からアンモニアを合成することに成功した。その後ミッタッシュが鉄触媒を，ボッシュが反応プラントを開発し，1913 年に工業化に成功した。ハーバーは「空気からパンを作った」と称えられ，触媒の重要性と有用性を世界に知らしめ，その後の化学工業に大きな影響を与えた。

　ただし，触媒作用のメカニズムは，当時はまだ十分に理解されていなかった。触媒表面では分子の吸着・脱離，解離・会合など複数の反応が同時に進行するため，あまりにも複雑であり，良い触媒を見つけるためには暗中模索の中で実験を繰り返す必要があった。

　表面の化学反応が原子レベルで解明され始めたのは 20 世紀も後半となってからのことである。エルトルは鉄表面における窒素・水素分子の吸着・脱離，解離・会合反応など，アンモニア合成の基本となる反応の速度定数を調べ上げ，アンモニア合成のエネルギーダイヤグラムを作成した。その結果，窒素分子と水素分子は鉄表面で解離して原子の状態で吸着し，その原子同士が表面で拡散し会合することで組み換えが起き，その結果アンモニア分子がエネルギー障壁の小さい反応経路をたどって生成することがわかった。エルトルは，2007 年にノーベル化学賞を受賞している。

　触媒は，環境汚染や公害が問題化するたびに原因となる副生成物や廃棄物の低減や有害物の分解などに利用され，問題解決に貢献してきた。今では，ほぼすべての化学工業製品の製造工程のどこかで触媒が使われている。ハーバーの時代から 100 年あまり経過し，私たちは現在，再び温暖化やエネルギー資源の枯渇など，地球規模の問題に直面している。燃料電池は水素と空気中の酸素を反応させ，化学エネルギーを直接電気エネルギーに変換するため，化石燃料のように発電時に有害物質や温室効果ガスを排出せず，エネルギー変換効率にも優れている。しかし，その普及には，水素分子からプロトンと電子を取り出し，酸素分子と反応させ水を作る効率のより高い触媒の開発が必要である。触媒は，今でも人類が持続的発展を続けるために期待され，世界中の科学者に研究されている。

（盛谷浩右）

11 物質の状態変化

原子や分子の集合体は，固相，液相，気相の3つの相に分けられる。ある相から他の相への変化を**相転移**といい，相転移を起こす温度や圧力を**転移点**という。第11章では，このような物質の相転移について考える。

11.1 物質の三態

1つの系内で，物理的，化学的性質が同じ部分を**相**と呼ぶ。相が固体であるか，液体であるか，気体であるかによって，それぞれを**固相**，**液相**，**気相**と呼ぶ。系には単一の相からなる**均一系**と複数の相からなる**不均一系**がある。たとえば，水，ヘキサン（液体），氷は単独ではいずれも均一系であるが，これらを混合した系は不均一系となる。水-ヘキサン系は同じ相の異なる物質からなる不均一系，水-氷系は異なる相の同じ物質からなる不均一系，氷-ヘキサン系は異なる相の異なる物質からなる不均一系である。2つの相の境目を**界面**という。なお，液体の水-メタノール混合系は，1つの相からなる均一系である。

物質の温度や圧力を変化させると，固体-液体-気体の3つの状態間での相互変化（**相転移**）が起こる。この三態間の相互変化を図11.1に示す。固体から液体への変化を**融解**，その逆を**凝固**といい，融解および凝固が起こる温度を**融点**および**凝固点**という。液体から気体への変化を**蒸発**，その逆を**凝縮**という。固体から気体への直接的変化を**昇華**，その逆を**凝華**という。なお，液体の蒸気圧が周囲の圧力と等しく

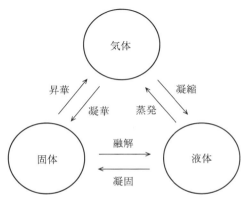

図 11.1 物質の三態

なり，液体内部からも気体が発生する現象を**沸騰**といい，その温度を**沸点**という。また，低分子量のエーテルやアルコールのような比較的沸点が低い物質が，常温付近で蒸発する現象を揮発と呼ぶ。

例題 11.1

　液体の水を経ないで，固体の水（氷）が気体の水（水蒸気）に直接変化するしくみを分子レベルで説明せよ。

解答

　分子レベルで昇華を考えると，固体から気体への状態変化は氷の結晶から1分子の水が気相に飛び出してゆく変化になる。氷の結晶では温度に依存して水分子は分子運動（熱振動）をしているが，この運動エネルギーが水分子を氷の結晶構造につなぎ止めている分子間力（水素結合）のエネルギーを超えると昇華が起こる。このような変化は日常的にも起こっている。たとえば，冷凍庫内の氷も，次第に角が取れて小さくなってゆくことがある。

11.2　系の自由度と相律

　一般に，複数の相が共存して平衡状態にある，というだけでは系の温度や圧力は決まらない。温度，圧力，相の組成などの変数のうち，系の状態を一義的に規定するために必要な示強変数の数を**自由度**という。c 個の成分，p 個の相からなる系の自由度 f は

$$f = c - p + 2 \qquad (11.1)$$

で与えられる。これを**ギブズの相律**という。証明は 11.A 節に掲げる。なお，化学平衡などの制約により式(11.1)の値よりも自由度が減少する場合もある（演習問題11.2）。

　一成分系では $c = 1$ であるから $f = 3 - p$ となる。$p = 1$ のとき，すなわち相が1つであれば $f = 2$ となるので，温度と圧力を指定すれば系の平衡状態が一義的に規定される。$p = 2$ のとき，すなわち2相が共存するときには $f = 1$ となるので，温度と圧力のどちらかを指定すれば，もう片方は自動的に決まる。$p = 3$ のとき，すなわち3相が共存する場合は $f = 0$ となり，圧力や温度を任意に選ぶことはできない。この状態は**三重点**と呼ばれ，その成分に固有なものとなる。

例題 11.2

　二成分系における系の最大の自由度を求めよ。また，自由度が最大となる場合に，系の平衡状態を一義的に規定するために必要な示強変数について述べよ。

解答

　二成分系では $c = 2$ であるから $f = 4 - p$ となる。したがって自由度が最大となるのは，$p = 1$ の場合（1相系）で，$f = 3$ となる。二成分1相系の平衡状態を一義的に規定するためには，温度と圧力に加えて組成を指定する必要がある。組成は通常は**モル分率**（着目した物質の物質量と全体の物質量の比，12.3節参照）で表示する。3次元の図を示す代わりに，二成分系では温度一定のもとでの圧力-組成図，圧力一定のもとでの温度-組成図，組成一定のもとでの圧力-温度図が用いられる。

11.3 一成分系における状態の変化

11.3.1 相転移の圧力-温度図

　系を記述するために必要な変数を座標軸にとって，相間の平衡関係を示した図を**相図**あるいは**状態図**という。一成分系では，通常，縦軸に圧力，横軸に温度をとる。例として水の相図を図11.2に示す。固相（BOCで囲まれた領域），液相（AOCで囲まれた領域）あるいは気相（AOBより下の領域）内では，$p=1$であるから$f=2$となる。したがって，いずれか1つの相内で座標を決めるためには，温度と圧力の両方を指定する必要がある。**融解曲線**（CO），**蒸発曲線**（AO），**昇華曲線**（BO）上では2相が共存するので，$p=2$であるから$f=1$となる。したがって，いずれかの曲線上で座標を決めるためには，温度か圧力を指定すればよい。なお，以上3つをまとめて**共存曲線**と呼ぶ。水の三重点は273.16 K，6.12×10^2 Paにあり，2019年まで絶対温度の定義として使われていた。この温度は標準大気圧下での水の凝固点（氷の融点）よりも0.01 K高い。なお，現在では，絶対温度（熱力学温度）はボルツマン定数（＝気体定数／アボガドロ定数）によって定義される。

図11.2は，水の融解曲線が右下がりであることを明示するために座標軸の目盛を調整した概念図である。

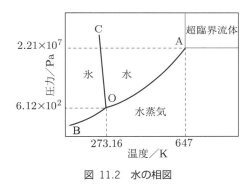

図 11.2　水の相図

例題11.3

　富士山頂と平地とでは，富士山頂の方が低い温度で水は沸騰する。水が凍る温度はどちらが低いか。

解答

　図11.2の融解曲線が右下がり（縦軸に平行ではなく左に傾いている）であるから，平地の方が低い温度で水は凍る。なお，ほとんどの物質の融解曲線は一般に左下がりであり，圧力の増加とともに凝固点は高くなる。したがって，このような水の挙動はむしろ珍しい。

11.3.2 蒸発エンタルピーと沸点

　液体が気体に相転移する際の単位物質量（1 mol）あたりのエンタルピー変化を蒸発エンタルピーという。もちろん，定圧条件下であれば，これは蒸発熱に等しい。ある圧力P_1での沸点T_1（絶対温度）と蒸発エンタルピー$\Delta_v H$が与えられれば，他の圧力P_2での沸点T_2は，式(11.2)から算出することができる。式(11.2)の導出は11.B節に掲げる。

$$\ln \frac{P_2}{P_1} = \frac{\Delta_v H}{R} \left(\frac{1}{T_1} - \frac{1}{T_2} \right) \tag{11.2}$$

例題 11.4

平地（標高 0 m）での気圧が 1.013×10^5 Pa であったとき，標高 3776 m の富士山頂での水の沸点を計算せよ。ただし，$\Delta_v H = 40.6$ kJ mol^{-1} とし，標高が 10 m 上がるごとに気圧は 0.001×10^5 Pa 低下することとする。

解答

360 K（87℃）

11.3.3 超臨界流体

図 11.2 の蒸発曲線 OA は点 A で行き止まっている。この点を**臨界点**と呼び，臨界点での温度および圧力を**臨界温度**および**臨界圧力**という。臨界点付近では液体と気体の密度がほぼ等しくなり，臨界点を超えると，両者の間の界面は消滅する。このような状態を**超臨界流体**と呼ぶ。超臨界流体は，拡散性の良さという気体の性質と溶解性の良さという液体の性質の両方を備えている。

超臨界流体としてよく用いられる物質は水と二酸化炭素である。水は 647 K，2.21×10^7 Pa 以上で，二酸化炭素は，304 K，7.38×10^6 Pa 以上で超臨界流体となる。超臨界状態の水は酸化力がきわめて強いので，多くの物質を効率良く酸化分解することができる。超臨界状態の二酸化炭素は使用後の残留の恐れがなく，コーヒーからカフェインを抽出除去する際の溶媒などとして使用される。

例題 11.5

臨界点における単位物質量（1 mol）の水の体積は 0.056 dm^3 である。臨界点における水の密度を計算し，臨界点を超えた水が気体と液体の中間の性質をもつことを確かめよ。

解答

臨界点における水の密度は 0.32 g cm^{-3} となる。標準大気圧下で，室温の液体の水の密度が 1.00 g cm^{-3} であり，100℃ の水蒸気の密度が 0.0006 g cm^{-3} であることから，臨界点における水の密度は液体の水と気体の水蒸気の間にある。

11.3.4 液　　晶

低温では分子結晶となる有機分子の中に，常温では粘性の高い固体と液体の中間的状態に変化し，さらに昇温すると粘性の低い液体に変化するものがある。これらの粘性の高い中間的状態の中には，固体結晶と同様な光学的異方性を示すものもあり，液状結晶，略して**液晶**と呼ばれる。

液晶相を取り得る有機分子には，図 11.3 に示すような鎖状骨格内に複数のベンゼン環をもつ細長い形をしたものが多い。固体結晶の状態では，これらの有機分子は，図 11.4 に示すように，位置も向きも固定されていて自由度はない。この結晶を加熱すると，まず，層構造は保持されているが層間は固定されていない**スメクチッ**

物質の第四態

気体，液体，固体のことを物質の三態と呼ぶことには誰も異論はないだろう。問題は，第四態とは何かということである。超臨界流体を研究している人は，超臨界流体こそが，第四態だという。アモルファス（7.6 節の欄外記事参照）の研究者はアモルファスこそ第四態だという。そして，プラズマ（イオンや電子を含む気体）の研究者は，プラズマこそ第四態だという。皆さん，それぞれの立場があるようである。

異方性とは，屈折率などの物性が方向によって異なることで，等方性に対する用語である。結晶では結晶軸の方向を基準に考える。

11.4 二成分系における状態の変化

図11.3において，矢印は配位結合を表す。

液晶パネル
　液晶ディスプレーの主要構成要素である液晶パネルでは，ネマチック液晶をはさむ透明電極に印加する電圧でネマチック液晶分子の配向を調節する。すなわち，電圧をかけない状態では液晶分子は透明電極に平行に配向しているが，電圧をかけると液晶分子は透明電極に垂直に配向する。配向の角度によって，光源からの透過光強度が変化するので，それによって画像を表示する。画像のカラー表示には3原色を備えたカラーフィルターを用いる。

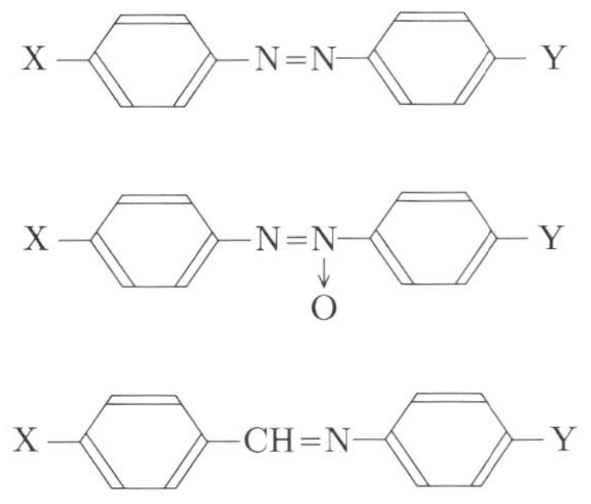

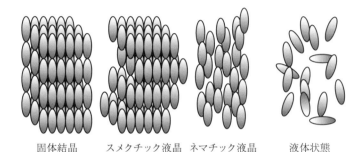

図 11.3 液晶相を取り得る有機分子の例。XとYは置換基を示す。

固体結晶　　スメクチック液晶　ネマチック液晶　　液体状態

図 11.4 固体結晶から液晶，液体への変化（固体結晶では秩序は3次元的，スメクチック液晶では2次元的，ネマチック液晶では1次元的である）

ク液晶へと変化する。スメクチック液晶の中の分子は，向きは一定であるが層構造の中での位置には自由度が生じる。さらに加熱すると，層構造が崩れた**ネマチック液晶**へと変化する。ネマチック液晶中の分子は向きが一定という制約の中で3次元的に自由に位置を変えることができる。液体状態では向きが一定という制約も外れ，より無秩序な状態へ変化する。

例題 11.6

液晶中で，図11.3に示したような有機分子が向きをそろえる要因を述べよ。

解答
　有機分子のベンゼン環の間には，通常よりもやや強いロンドン力が働く。これはベンゼン環に存在するπ電子が互いに積み重なったような配置で安定化するためである。このため，この安定化相互作用はπ-πスタッキング（積み重ね）相互作用とも呼ばれる。一方，縦方向（層間）の分子間力は横方向に比べて弱いため，容易にスメクチック液晶化が起こる。

11.4 二成分系における状態の変化

11.4.1 液体二成分系の相図

　例題11.2で述べたように，二成分系の相図は温度一定のもとでの圧力-組成図，圧力一定のもとでの温度-組成図，組成一定のもとでの圧力-温度図に分類される。

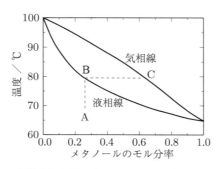

図 11.5 標準大気圧下の水-メタノール混合系におけるモル分率と温度の関係

一定圧力（通常は標準大気圧）下での気液平衡の温度-組成図を**沸点図**という。2つの液体が任意の割合で完全に溶け合う場合の沸点図は図11.5のようになる。上の曲線は**気相線**と呼ばれ，気相の組成と凝縮温度の関係を示す。下の曲線は**液相線**と呼ばれ，液相の組成と沸点の関係を示す。いま，点Aで表される温度と組成の液体をゆっくりと加熱すると点Bの温度で沸騰が始まり，点Cで表される組成の蒸気が出る。このように一般の溶液では液相と気相の組成は一致しない。これを応用すれば，蒸気圧の高い成分の濃縮が可能となる。蒸発してきた気体だけを集めて再び液体に戻してやれば前よりも濃度の高い液体となり，これを繰り返せばさらに濃度を高めることができる。このようにして2つの成分を分離する方法を**分別蒸留**あるいは**分留**と呼ぶ。ただし，モル分率が0と1以外のところで気相線と液相線が重なる箇所がある場合には，その点で液相と気相の組成が一致する。このような溶液は蒸留だけで分離することはできず，**共沸混合物**と呼ばれる。水-エタノール（エタノールの濃度が質量百分率濃度で96%，共沸点78℃），水-ピリジン C_5H_5N（ピリジンの濃度が59%，共沸点94℃）などの例が知られている。

例題11.7

図11.5において，メタノールのモル分率0.30の液体を熱して沸騰させた場合，どのようなモル分率の蒸気が得られるか。

解答

0.66

11.4.2 固体二成分系の相図

固体二成分系の相図も液体二成分系の場合と同じく，温度一定のもとでの圧力-組成図などで示される。固体二成分系の例としては，2種類の金属からなる**合金**がある。二成分が任意の割合で完全に溶け合うような合金については，図11.5と同様な温度-組成図を描くことができる。ただし，上下の曲線はそれぞれ液相線，**固相線**となり，液相線よりも上ではすべてが液体，固相線よりも下ではすべてが固体の状態が安定である。

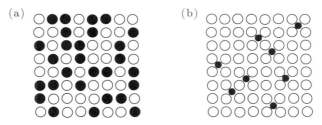

図 11.6 置換型固溶体(a)と侵入型固溶体(b)

　2種類以上の純物質が完全に溶け合って生成する均質な固体を**固溶体**と呼ぶ．合金の多くは固溶体である．2種の元素からなる固溶体には図 11.6(a)に示す置換型固溶体と図 11.6(b)に示す侵入型固溶体がある．置換型固溶体は，一方の原子が作る結晶の格子点がもう一方の原子によって置き換えられて生成する．任意の割合でこの置換が起こるためには，両者の結晶構造が同じで，原子の大きさも同じくらいであることが必要である．侵入型固溶体は大きな原子の格子点の隙間に小さい原子が入り込んで生成する．したがって，小さい原子が入り込む余地には制約があり，任意の混合比のものは作製できない．

例題 11.8

置換型固溶体と侵入型固溶体の例を挙げよ．

解答（例）

　置換型固溶体：金と白金．両者はともに面心立方格子構造をとり，原子半径はそれぞれ 0.144 nm と 0.139 nm であり近い．

　侵入型固溶体：鋼．鉄と炭素では，原子の大きさも結晶構造も大きく異なるため，鉄の結晶格子に炭素は数パーセントしか入り込めない．なお，鋼のように，金属と非金属からなる物質でも，金属が主成分である場合には合金と呼ばれる．

11.A　ギブズの相律の証明

　ギブズの相律を証明する前に，まず，平衡状態にある2つの相では，温度，圧力および化学ポテンシャルが等しいことを証明する．2つの相 A，B を考える．A と B の間ではエネルギーのみならず，物質の移動も可能であるとする．A と B をあわせた全系は孤立系をなしているとすると全内部エネルギー，全物質量は一定である．さらに体積も一定であるとすると

$$U_A + U_B = \text{一定}, \qquad dU_A + dU_B = 0$$
$$n_A + n_B = \text{一定}, \qquad dn_A + dn_B = 0$$
$$V_A + V_B = \text{一定}, \qquad dV_A + dV_B = 0$$

が成立する．平衡状態になっている孤立系では，エントロピーは極大になっている．よって

$$S_A + S_B = \text{極大（一定）}, \qquad dS_A + dS_B = 0$$

でなければならない．ここで，$dU = TdS - PdV + \mu dn$ であることから $dS =$

$(\mathrm{d}U + P\mathrm{d}V - \mu\mathrm{d}n)/T$ を代入して

$$\left(\frac{\mathrm{d}U_\mathrm{A}}{T_\mathrm{A}} + \frac{P_\mathrm{A}\mathrm{d}V_\mathrm{A}}{T_\mathrm{A}} - \frac{\mu_\mathrm{A}\mathrm{d}n_\mathrm{A}}{T_\mathrm{A}}\right) + \left(\frac{\mathrm{d}U_\mathrm{B}}{T_\mathrm{B}} + \frac{P_\mathrm{B}\mathrm{d}V_\mathrm{B}}{T_\mathrm{B}} - \frac{\mu_\mathrm{B}\mathrm{d}n_\mathrm{B}}{T_\mathrm{B}}\right) = 0$$

が得られ，さらに，$\mathrm{d}U_\mathrm{A} + \mathrm{d}U_\mathrm{B} = 0$ などから

$$\left(\frac{1}{T_\mathrm{A}} - \frac{1}{T_\mathrm{B}}\right)\mathrm{d}U_\mathrm{A} + \left(\frac{P_\mathrm{A}}{T_\mathrm{A}} - \frac{P_\mathrm{B}}{T_\mathrm{B}}\right)\mathrm{d}V_\mathrm{A} - \left(\frac{\mu_\mathrm{A}}{T_\mathrm{A}} - \frac{\mu_\mathrm{B}}{T_\mathrm{B}}\right)\mathrm{d}n_\mathrm{A} = 0$$

が成立する。この式は $\mathrm{d}U_\mathrm{A}$, $\mathrm{d}V_\mathrm{A}$, $\mathrm{d}n_\mathrm{A}$ についての恒等式であり，それぞれが独立に変化できる量であるから，上式が成立するためには各項の係数が0でなければならない。よって

$$T_\mathrm{A} = T_\mathrm{B}, \qquad P_\mathrm{A} = P_\mathrm{B}, \qquad \mu_\mathrm{A} = \mu_\mathrm{B}$$

となる。すなわち，2相平衡では，温度，圧力に加えて，化学ポテンシャルも2相で同じでなければならない。

　これを使えば，ギブズの相律の証明は簡単である。p 個の相のそれぞれの組成（成分の濃度）は成分比（モル分率）だけで決まる。よって，各相ごとに成分の数よりも1少ない $c-1$ 個の未知数がある。すなわち，p 個の相では $p(c-1)$ 個の未知数がある。各相共通の温度と圧力を加えて全部で未知数は $p(c-1)+2$ 個となる。一方，すべての相が平衡にあるから，各相の成分ごとの化学ポテンシャルはすべて等しい。その方程式の数は $c(p-1)$ 個である。よって，決められない未知数の数，すなわち自由度 f は

$$f = p(c-1) + 2 - c(p-1) = c - p + 2$$

となる。

11.B　式(11.2)の導出

　液体と気体が平衡状態にある場合，11.A節に示したように，液相部分と気相部分の温度，圧力，そして化学ポテンシャルは等しくなる。液相と気相の化学ポテンシャルをそれぞれ μ_l, μ_g とすると

$$\mu_\mathrm{l} = \mu_\mathrm{g}$$

でなければならない。ここで，平衡状態を保ったまま（各相の物質量 n_l, n_g を変化させずに，蒸発曲線に沿って）温度と圧力を微小に変化させる。この場合，両相における化学ポテンシャルの微小変化も等しいと考えられる。

$$\mathrm{d}\mu_\mathrm{l} = \mathrm{d}\mu_\mathrm{g}$$

液体と気体の体積およびエントロピーをそれぞれ，V_l, V_g, S_l, S_g とすると，$\mathrm{d}n_\mathrm{l} = \mathrm{d}n_\mathrm{g} = 0$ を考慮して

$$\mathrm{d}G_\mathrm{l} = V_\mathrm{l}\,\mathrm{d}P - S_\mathrm{l}\,\mathrm{d}T,$$
$$\mathrm{d}G_\mathrm{g} = V_\mathrm{g}\,\mathrm{d}P - S_\mathrm{g}\,\mathrm{d}T$$

であるから，両辺を物質量で割ると

$$\mathrm{d}\mu_\mathrm{l} = (V_\mathrm{l}/n_\mathrm{l})\,\mathrm{d}P - (S_\mathrm{l}/n_\mathrm{l})\,\mathrm{d}T,$$
$$\mathrm{d}\mu_\mathrm{g} = (V_\mathrm{g}/n_\mathrm{g})\,\mathrm{d}P - (S_\mathrm{g}/n_\mathrm{g})\,\mathrm{d}T$$

となる。単位物質量あたりの体積とエントロピーを v_l, v_g, s_l, s_g で表すと

$$v_\mathrm{l}\,\mathrm{d}P - s_\mathrm{l}\,\mathrm{d}T = v_\mathrm{g}\,\mathrm{d}P - s_\mathrm{g}\,\mathrm{d}T$$

であり，これをまとめると

$$\frac{\mathrm{d}P}{\mathrm{d}T}=\frac{s_\mathrm{g}-s_\mathrm{l}}{v_\mathrm{g}-v_\mathrm{l}}$$

となる。ここで，単位物質量あたりの気体と液体のエントロピーの差である $s_\mathrm{g}-s_\mathrm{l}$ は，エントロピーの定義から，単位物質量あたりの蒸発時のエンタルピー変化 $\varDelta_\mathrm{v}H$ をそのときの絶対温度で除した値といえる。すなわち

$$s_\mathrm{g}-s_\mathrm{l}=\frac{\varDelta_\mathrm{v}H}{T}$$

したがって

$$\frac{\mathrm{d}P}{\mathrm{d}T}=\frac{\varDelta_\mathrm{v}H}{T(v_\mathrm{g}-v_\mathrm{l})}$$

なる関係式が得られる。この式は，**クラウジウス-クラペイロンの式**と呼ばれる。同様の関係式が，平衡状態にある気体と固体，液体と固体の間にも成立する。

さらに，理想気体を仮定し，単位物質量あたりの気体の体積は，液体に比べてはるかに大きいという近似（$v_\mathrm{g}\gg v_\mathrm{l}$）を入れると

$$\frac{\mathrm{d}P}{\mathrm{d}T}=\frac{\varDelta_\mathrm{v}H}{Tv_\mathrm{g}}=\frac{P\varDelta_\mathrm{v}H}{RT^2},$$

$$\frac{\mathrm{d}P}{P}=\frac{\varDelta_\mathrm{v}H}{R}\frac{\mathrm{d}T}{T^2}$$

となる。両辺を積分すれば，式(11.2)となる。

第 11 章演習問題

問題 11.1
水と空気が存在し，かつ，液体と気体が共存するとする。ここで酸素と窒素を区別する場合としない場合について，ギブズの相律について議論せよ。

問題 11.2
食塩水について，(1) 液相のみの場合，(2) 固体の食塩が溶けきらずに沈殿している場合について，ギブズの相律における自由度を求めよ。溶液中の食塩は 100% 電離し，水は電離しないものとする。

ヒント

(1)，(2)ともに液相中の $\mathrm{Na^+}$ と $\mathrm{Cl^-}$ のモル分率は等しくなければならないので，自由度は 1 減る。(2)の場合は，さらに $\mathrm{NaCl} \rightleftharpoons \mathrm{Na^+}+\mathrm{Cl^-}$ の溶解平衡も成り立っていなければならない。

問題 11.3
通常の水よりも，超臨界水は極性をもたない有機化合物に対する溶解性に優れている。その理由を述べよ。

問題 11.4
野外で融けかかった雪から水蒸気が上がることはありえるか。

問題 11.5
式(11.2)を用いて，900 hPa 下での水の沸点を計算せよ。水の蒸発エンタルピーを 40.6 kJ mol^{-1} とする。

コラム：高分子の固体

　物質の三態は，固体，液体，気体の3つの状態であるが，この枠組みで整理しがたい物質も存在する。たとえば，私たちの身の回りで，プラスチック，繊維，ゴム材料などの主成分として広く用いられる「高分子」である。高分子とは，一般に分子量が1万以上の巨大分子である。高分子はさまざまな形態を取り得るが，ここでは，スパゲッティやうどんのような長いひも状の分子（高分子鎖という）を想像するとよい。

　高分子は，非常に大きな分子量を有するため分子間相互作用が大きく，気体として存在することはできない。温度を上げ続けると，分解のほうが先に起こってしまうだろう。それでは，高分子の固体や液体はどうだろう？　高分子固体，高分子液体という表現を耳にするが，両者は低分子の固体，液体とは状況が少々異なる。

　通常，高分子は低温（多くの場合，室温以下）で流動性がなく，固体とみなされる。プラスチック製品を思い浮かべると，硬く，直感的に固体だと感じると思う。このとき，高分子鎖の部分的な熱運動（これをミクロブラウン運動という）は凍結されている。しかし，長い鎖状の分子であるがゆえ低分子のように完全に結晶化することは難しい。このように，高分子鎖の熱運動が凍結され，硬い固体のような性質を示す状態をガラス状態という。7.6節の欄外記事で，原子が結晶化せずに低秩序に配列した固体を非晶質（アモルファス）と呼ぶことを紹介した。高分子固体は，結晶領域を全くもたない非晶性高分子と，一部結晶化し，結晶領域と非晶領域が混在する結晶性高分子とに分類される。非晶性高分子あるいは結晶性高分子の非晶領域において，十分に長い高分子鎖は互いに絡み合った状態で存在する。

　非晶性高分子の温度を上げていくと，徐々に高分子鎖の熱運動は活性化され，ついには高分子鎖が部分的に動き始める。このときの温度はガラス転移温度と呼ばれ，高分子の種類に依存して変化する。ガラス転移温度よりも高い温度では，高分子鎖は部分的に動けるものの，ある程度以上の分子量の場合，高分子鎖同士の絡み合いのため，その重心は動かず流動性は低い。このような状態をゴム状態という。結晶性高分子の場合は，温度が非晶領域のガラス転移温度を超え，さらに結晶領域の融点を超えると全体がゴム状態となる。ゴム状態における高分子は，柔らかく簡単に変形させることができる。さらに温度を上げると，分子運動はさらに活性化され，全体が流動し始める。この状態を一般に，高分子液体と呼ぶ。

　このように，高分子は複雑な熱的性質を有しており，高分子固体と高分子液体は流動性を一つの指標として定義されることが一般的である。高分子に特徴的な熱的性質をうまく利用することで，耐熱性高分子材料や衝撃吸収材料といった，さまざまな特性を有する材料の設計や，生産現場における自由な成形加工が可能となっている。このような材料設計における柔軟性は高分子の強みでもある。なお，物質の変形と流動を扱う学問分野を「レオロジー」という。興味のある方はぜひ勉強してみてほしい。

（織田ゆか里）

12 溶液の性質

第12章では，固体と気体の中間に位置し，固体に近い性質と気体に近い性質をあわせもった液体，とりわけ溶液の性質について考える。製造業における生産工程の相当部分が液相で行われていることを考慮すると，溶液の性質は「ものづくり」に不可欠な知識の1つである。

12.1 液体の性質

物質の集合状態の1つで，一定の形をもたず，流動性があり，ほぼ一定の体積をもつものを液体という。集合状態からすると液体は固体と気体の中間に位置するが，性質によっては固体に近いものもあるし気体に近いものもある。

液体を加熱すると構成成分の熱運動が激しくなり，やがてまわりの成分との相互作用を断ち切って構成成分は気体として蒸発する。この過程では密度が著しく変化するが，液体と気体とでは流動性にはあまり差がない。すなわち，流動性に関しては，液体は気体に似ている。一方，液体を冷却すると構成成分の熱運動がおさまり，各成分はエネルギー的にもっとも安定な位置に固定され，それらが整然と配列された固体になる。この過程では流動性が著しく変化するが，液体と固体とでは密度にはあまり差がない。すなわち，密度に関しては，液体は固体に似ている。

例題 12.1

流動性と密度にならって液体の性質を固体および気体の性質と比較せよ。

解答

	固体	液体	気体
流動性	ない	ある	ある
密度	大きい	大きい	小さい
体積	ほぼ一定	ほぼ一定	不定
熱膨張率	小さい	小さい	大きい
粘性	無限大	大きい	小さい

133

12.2 溶液の構成成分：溶媒と溶質

2つ以上の成分の均一液状混合物を**溶液**という。溶液ではあらゆる部分の組成が一様である。もっとも簡単な溶液は二成分からなり，溶解される方の成分を**溶質**，溶解する方の成分を**溶媒**という。たとえば，塩化ナトリウム水溶液では，固体の塩化ナトリウムを溶質，液体の水を溶媒とみなす。塩酸では，気体の塩化水素を溶質，液体の水を溶媒とみなす。混合される成分が両方とも液体の場合には，少量成分を溶質，多量成分を溶媒とみなす。

本書では，複数の相からなる相コロイドは溶液に含めない。

12.2.1 溶　媒

溶媒とは，一般には，水やアルコールのような分子性液体を指す。水以外の液体が溶液の調製や化学反応の媒体として用いられる場合もあるが，水を溶媒に用いる場合が多い。

水分子では，電気陰性度に差がある原子間で共有結合が形成される。そのため，O-H 結合間の共有電子対は，電気陰性度の大きい酸素原子に強く引きつけられる。その結果，酸素原子が負に，水素原子が正に分極し，隣り合った分子間に 6.3 節で述べた水素結合が生成する。隣接する水分子間に次々にこのような水素結合が起こる場合には，水分子は

$$n\mathrm{H_2O} \rightleftharpoons (\mathrm{H_2O})_n \tag{12.1}$$

という反応で，会合数が n の水素結合**会合体** $(\mathrm{H_2O})_n$ を生成する。$(\mathrm{H_2O})_n$ は水素結合の位置によって，直線構造，環状構造あるいは 3 次元構造を取り得る。さらには，これらが組み合わさった高次の会合体が生成される場合もある。その結果，水の中には，クラスターと呼ばれる n の相当大きい会合体から単分子の水まで，各種の会合体が共存することになる。

物質の密度は，一般には構成成分の凝集の程度の順，すなわち，固体＞液体＞気体の順になるが，$\mathrm{H_2O}$ の密度はこの順に従わず，液体（水）＞固体（氷）＞気体（水蒸気）の順になる。これは，水に比べて氷の方が隙間の多い水素結合構造をとるためである。

例題 12.2

水の密度は，凝固点よりもやや高い 4℃ で最大値をとる。その理由を考えよ。

解答

氷が融解すると，隙間の多い水素結合構造が壊れるので，密度が急激に大きくなる。それでも，0℃ の水の密度は 4℃ の水より小さい。これは，4℃ より低い温度では，水のクラスターの一部に氷のときの水素結合構造が残るためである。0℃ から 4℃ へ昇温する間に，この水素結合構造が次第に壊れ，それにつれて密度はわずかではあるが大きくなる。4℃ を超えると水分子の熱運動が盛んになり，水は膨張しはじめる。なお，0℃ での氷の密度は $0.91671\ \mathrm{g\ cm^{-3}}$，0℃ での水の密度は $0.99984\ \mathrm{g\ cm^{-3}}$，4℃ での水の密度は $0.99997\ \mathrm{g\ cm^{-3}}$，10℃ での水の密度は $0.99970\ \mathrm{g\ cm^{-3}}$ である。

12.2.2 溶 質

水に溶解した場合の電離の程度で溶質を分類すると，溶質は，**電解質**と**非電解質**に分類される。濃度が高いときでも 1 に近い**電離度**をもつ溶質を**強電解質**という。ここには，塩化水素のような強酸，水酸化ナトリウムのような強塩基，酸と塩基の中和によって生成する塩が含まれる。電離度の小さい溶質は**弱電解質**といい，ここには酢酸のような弱酸，アンモニアのような弱塩基が含まれる。スクロース（ショ糖）やアルコールのように事実上電離しない溶質を非電解質という。

強電解質である塩化水素 $HCl(g)$ が水に溶解すると

$$HCl(g) \rightarrow H^+ + Cl^- \tag{12.2}$$

のように，水素イオン H^+ と塩化物イオン Cl^- に電離して溶解する。電離したイオンには**水和**と呼ばれる現象が起こり，イオンは何分子かの水に取り囲まれた状態（これを**水和イオン**という）で溶解する。

一方，弱電解質である酢酸 $CH_3COOH(l)$ が水に溶解すると，一部は

$$CH_3COOH(l) \rightarrow H^+ + CH_3COO^- \tag{12.3}$$

のように，水素イオン H^+ と酢酸イオン CH_3COO^- とに電離して溶解するが

$$CH_3COOH(l) \rightarrow CH_3COOH \tag{12.4}$$

のように，電離せずに酢酸分子 CH_3COOH の形で溶解しているものもある。酢酸分子は電荷をもたないが，カルボキシ基と水分子との間に水素結合形成による水和が起こる。

例題 12.3

ベンゼンは 20℃ で 100 g の水に 0.2 g しか溶けないが，スクロース（ショ糖）は 0.20 kg 溶ける。このような溶解度の差をもたらす原因を説明せよ。

解答

どちらの場合も，溶解すればエントロピーは増大する。しかし，必ずしもエンタルピーが減少するとは限らない。スクロースにはグルコース単位に 4 つ，フルクトース単位に 4 つのヒドロキシ基がある。スクロースが水に溶解すると，これらのヒドロキシ基と水分子との間に水素結合の形成による水和が起こる。そのため，水への溶解によって化学エネルギーが減少し，スクロースの溶解度は大きくなる。一方，ベンゼンにはヒドロキシ基がなく，このような安定化が起こらないので水への溶解度は小さい。

12.3 溶液組成の表し方

溶液の濃度の表し方
①質量モル濃度：溶質の物質量と溶媒の質量の比。単位は，mol kg^{-1} など。
②物質量濃度（モル濃度）：溶質の物質量と溶液の体積の比。単位は，mol dm^{-3} など。mol dm^{-3} は M とも書かれる。

溶液がそれぞれ 1 種類の溶媒と溶質とからなる場合には成分の数 c は 2 となる。相の数 p を 1 とすれば，11.2 節で取り上げたギブズの相律から自由度 $f = 3$ となる。したがって，一定温度での圧力-組成図，一定圧力での温度-組成図あるいは一定組成での圧力-温度図を用いれば，溶液の状態が一義的に記述できる。いずれの場合にも温度か圧力あるいはその両方を変化させるので，状態図を作成する際には，温度や圧力が変わってもそれに伴う影響を受けない方法で溶液の組成を表示することが望ましい。そのために，溶液の組成を**モル分率**あるいは**質量モル濃度**で表

示することが多い。

溶質Bのモル分率 x_B は，溶液中の溶媒Aおよび溶質Bの物質量を n_A および n_B で表すと

$$x_B = \frac{n_B}{n_A + n_B} \tag{12.5}$$

で与えられる無次元量である。一方，溶質Bの質量モル濃度 m_B は，単位質量（1 kg）の溶媒（質量百分率濃度とは異なり，溶液の質量ではない）中に溶解しているBの物質量（mol）で与えられ，単位は mol kg^{-1} などである。

例題 12.4

質量モル濃度が 5.0 mol kg^{-1} の溶質Bを含む水溶液について，Bのモル分率 x_B を求めよ。

解答

この溶液は単位質量（1 kg）の水に 5.0 mol の溶質Bを含む。水の物質量は 1000/18.0 mol であるので，この溶液のBのモル分率 x_B は

$$x_B = 5.0/(1000/18.0 + 5.0) = 0.083$$

となる。

③質量百分率濃度：溶液の質量に対する溶質の質量の百分率。無次元量であるが，数値の後に wt% あるいは %(w/w) を書き加える場合がある。千分率濃度(‰)や百万分率濃度(ppm)，十億分率濃度(ppb)，一兆分率濃度(ppt) も定義は同様である。

④体積百分率濃度：溶液の体積に対する混合前の溶質（液体に限定）の体積の百分率。無次元量であるが，数値の後に vol% あるいは %(v/v) を書き加える場合がある。

12.4 理想溶液

A, Bという2種類の非電解質からなる**理想溶液**（または完全溶液）とは

（1） 液体分子Aと液体分子Bの大きさが等しく，
（2） 両者の混合に伴う熱の出入りがなく，
（3） 体積が純粋なAと純粋なBの体積の和に等しい

ような溶液を指す。このような要件をほぼ完全にみたすのは，有機化合物とその水素を重水素で置換したものとの組合せ（たとえば C_6H_6 と C_6D_6）などに限られるが，大きさの点でも分子間相互作用の点でもよく似ているヘキサン-ヘプタンあるいはクロロベンゼン-ブロモベンゼンからなる溶液などは理想溶液に近い挙動を示す。

理想溶液では，A-A間，A-B間およびB-B間に働く力がすべて等しいと考える。そうすると，このような理想溶液がその蒸気相と気液平衡にある場合，蒸気相中の両成分の分圧は液相中のそれぞれの成分のモル分率に比例する。すなわち，A

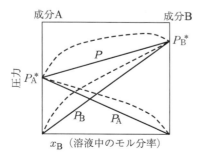

図 12.1 溶液の圧力-組成図（実線は理想溶液，破線は実在溶液の場合の例）

とBという二成分からなる理想溶液と平衡にある蒸気相中のAの分圧 P_A は，同じ温度における純粋なAの蒸気圧を $P_A{}^*$，溶液中のAのモル分率を x_A とすると

$$P_A = P_A{}^* x_A \tag{12.6}$$

で与えられる。式(12.6)の関係を**ラウールの法則**という。逆に，すべての組成（$0 \leq x_A \leq 1$）においてラウールの法則が成立する溶液を理想溶液と定義してもよい。

Aの場合と同様に，Bの分圧 P_B は，純粋なBの蒸気圧を $P_B{}^*$，溶液中のBのモル分率を x_B とすると

$$P_B = P_B{}^* x_B \tag{12.7}$$

で与えられる。したがって，溶液の蒸気圧 P は，AとBの蒸気を理想気体とすれば

$$P = P_A + P_B = P_A{}^* x_A + P_B{}^* x_B \tag{12.8}$$

で表される。P_A と P を x_B の関数として表現すると

$$P_A = P_A{}^* (1 - x_B), \tag{12.9}$$

$$P = P_A{}^* + (P_B{}^* - P_A{}^*) x_B \tag{12.10}$$

となる。したがって，図12.1の実線で示すように，理想溶液の圧力-組成図の P は $x_B = 0$ で $P_A{}^*$，$x_B = 1$ で $P_B{}^*$ を通る直線となる。

例題12.5

A，Bの二成分からなる理想溶液において，25℃における純粋なAの蒸気圧を $2.5 \times 10^4 \, \mathrm{Pa}$，Bの蒸気圧を $1.5 \times 10^4 \, \mathrm{Pa}$ として，$x_A = 0.40$ の溶液の蒸気圧を求めよ。また，この溶液と平衡にある蒸気の組成を求めよ。蒸気は理想気体としてよい。

解答
$1.9 \times 10^4 \, \mathrm{Pa}$,
$x_A = 0.53$,
$x_B = 0.47$

12.5 希薄溶液

理想溶液では，すべての組成（$0 \leq x_B \leq 1$）においてラウールの法則が成立するので，その圧力-組成図は図12.1の実線で示されるような直線関係を与える。ところが多くの実在溶液はこのような直線関係を示さない。たとえば，ラウールの法則から正にずれる場合には，図12.1の破線で表されるような圧力-組成図を与える。ただし，P_B は x_B が1に近い場合，P_A は x_A が1に近い場合に比較的破線と実線は近づく。すなわち，この図の右端付近では $x_B \to 1$ となり

$$P_B \approx P_B{}^* x_B \tag{12.11}$$

と，左端付近では $x_A \to 1$ となり

$$P_A \approx P_A{}^* x_A \tag{12.12}$$

と近似できる。すなわち，少量の溶質を溶解させた希薄な溶液の溶媒について，ラウールの法則が成立する。この際，溶質は液体分子には限定されず，また電解質であってもよい。以下，このような**希薄溶液**（理想希薄溶液）について，**沸点上昇**，**凝固点降下**，**浸透圧増大**といった現象について考える。

12.5.1 沸点上昇

溶媒 A に少量の不揮発性物質 B を溶かす。B の蒸気圧は無視でき，溶媒 A の蒸気圧とモル分率の間にラウールの法則が成立するとすれば

$$\frac{(P_A{}^* - P_A)}{P_A{}^*} = \frac{(P_A{}^* - P_A{}^* x_A)}{P_A{}^*} = 1 - x_A = x_B \qquad (12.13)$$

なる関係が成立する。これは，「希薄溶液における蒸気圧降下率は，溶質の種類によらず，溶質のモル分率に等しい」ことを意味している。物理的には，溶質 B が溶けることで，液相から気相へ移動する溶媒 A の量が減少することに対応している。希薄溶液ではモル分率と質量モル濃度は比例関係にあるので「希薄溶液の蒸気圧降下は溶質の質量モル濃度に比例する」と表現してもよい。さらに，これは，不揮発性の溶質を含む溶液の蒸気圧は純溶媒の蒸気圧よりも低くなることを示しており「不揮発性の溶質を含む溶液の沸点は純溶媒の沸点よりも高く，その上昇度（ΔT_b）は質量モル濃度（m_B）に比例する」ともいえる。

$$\Delta T_b = K_b m_B \qquad (12.14)$$

ここで K_b は，**モル沸点上昇定数**と呼ばれ，溶媒に固有な値である。なお，詳細は省略するが，式(12.14)は，溶液中の溶媒と気相中の蒸気の化学ポテンシャルが等しいことから導かれる。

例題 12.6

水 1000 g に 45 g のグルコース $C_6H_{12}O_6$ を溶かした。沸点はいくら上昇するか。水のモル沸点上昇定数を 0.52 K kg mol^{-1} とする。

解答

0.13 K

12.5.2 凝固点降下

一定圧力下で希薄溶液を冷却していった場合に，溶媒が凝固しはじめる温度が溶液の凝固点である（過冷却が起こる場合には，凝固以降の冷却曲線を外挿し凝固前の冷却曲線との交点の温度を凝固点とする）。溶液の凝固点は純溶媒の凝固点より低く，両者の差を凝固点降下 ΔT_f という。希薄溶液では ΔT_f は

$$\Delta T_f = K_f m_B \qquad (12.15)$$

で与えられる。ここで，K_f は溶媒だけに依存する定数で，**モル凝固点降下定数**と呼ばれる。

例題 12.7

水 100 g に 0.35 g の塩化ナトリウムを含む溶液の凝固点はいくら降下するか。ただし，この条件では塩化ナトリウムは完全に電離しているものとし，そのモル質量は 58.5 g mol^{-1} とする。また，水の K_f は 1.86 K kg mol^{-1} とする。

解答

0.22 K

12.5.3 浸透圧

溶媒分子は通すが，溶質は通さない膜を**半透膜**といい，溶媒が半透膜を通って溶液中へ拡散してゆく現象を**浸透**という。

図12.2のような容器を考える。容器は半透膜で2つの部分に仕切られ，半透膜の左側に純溶媒を，右側に同体積の溶液を加える。最初は両液面の高さは等しいが，時間の経過とともに溶媒が半透膜を通って溶液中へ拡散してゆく。浸透平衡に達すると，半透膜の溶液側の液面は溶媒側に比べて高くなる。溶液側から溶媒側へ膜にかかる圧力を P，溶媒側から溶液側へ膜にかかる圧力を P_0 として，$P - P_0$ を**浸透圧**という。

海水の淡水化と逆浸透膜

図12.2では，溶液と溶媒に同じ圧力をかけているが，溶液側だけを加圧すれば，溶液から溶媒を分離することができる。これを応用して，海水の淡水化などが行われている。この際，使われる膜を逆浸透膜と呼ぶ。なお，単独の Na^+ イオンの大きさは，水分子よりも小さいが，水和することで，その透過率が小さくなっているものと考えられる。

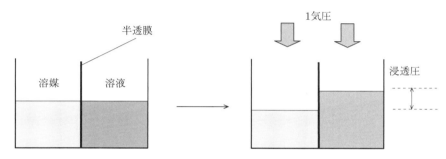

図 12.2　浸透圧の模式図

浸透平衡に達した後の溶液のモル濃度（質量モル濃度ではない）を C_B，気体定数を R とすると，絶対温度 T における浸透圧 Π について

$$\Pi = C_B RT \tag{12.16}$$

という，**ファントホッフの式**と呼ばれる関係式が成立する。溶液の体積 V と溶質の物質量 n_B を用いて C_B を書き換えると，ファントホッフの式は

$$\Pi V = n_B RT \tag{12.17}$$

と表すこともできる。この式は理想気体の状態方程式と形式的に同じである。ファントホッフの式の導出は 12.A 節に示す。

例題 12.8

ある高分子化合物を 5.20 g 含む単位体積（1 dm³）のベンゼン溶液は，液柱の高さにして 1.50 cm の浸透圧を示した。この高分子化合物のモル質量を求めよ。ただし，温度はすべて25℃とし，1.013×10^5 Pa はベンゼン柱を 1177 cm の高さに押し上げる圧力に等しいものとする。

ヒント　1.50 cm のベンゼン柱の浸透圧は $1.013 \times 10^5 \times 1.50 / 1177$ Pa に相当する。

解答

99.9 kg mol⁻¹

12.A　ファントホッフの式の導出

ファントホッフの式は以下のようにして導かれる。絶対温度 T は一定として，純溶媒 A（圧力 P_0）と溶液（圧力 P）の間の浸透平衡を考える。平衡状態では，

半透膜で隔てられた純溶媒と溶液中の溶媒の化学ポテンシャル（$\mu_A{}^*(P_0)$ と $\mu_A(P)$）は等しいとおける。

$$\mu_A{}^*(P_0) = \mu_A(P) = \mu_A{}^*(P) + RT \ln x_A$$

x_A は溶媒のモル分率である（10.A 節参照）。一般に温度一定の純溶媒では，体積 V は圧力 P に依存しないとして $dG = V dP - S dT = V dP$ を積分して

$$G(P) - G(P_0) = (P - P_0)V$$

が得られる。ここで単位物質量（1 mol）あたりの溶媒の体積を v_1 とすれば

$$\mu_A{}^*(P) - \mu_A{}^*(P_0) = (P - P_0)v_1$$

となる。さらに $P - P_0 = \Pi$ とおけば

$$\Pi v_1 = -RT \ln x_A$$

となる。ここで x_B（$\ll 1$）を溶質のモル分率として $\ln x_A = \ln(1 - x_B) \approx -x_B$ と近似し，純溶媒の体積は溶液の体積 V に等しいとすれば，溶媒と溶質の物質量をそれぞれ n_A，n_B（$n_A \gg n_B$）として

$$\Pi \approx RT x_B / v_1 = RT n_B / (n_A + n_B) v_1 \approx RT n_B / n_A v_1 \approx RT n_B / V = C_B RT$$

と変形できる。

第 12 章演習問題

問題 12.1

12.2.2 項で，塩化水素の水への溶解によって生じた水素イオンと塩化物イオンは，何個かの水分子に取り囲まれた水和イオンとして溶解していると述べた。H^+ と H_2O および Cl^- と H_2O との間に働く力について説明せよ。

問題 12.2

任意の割合で均一混合する A と B という 2 種類の非電解質を w_A g および w_B g 含む溶液について（1）B のモル分率 x_B，（2）B の質量モル濃度 m_B mol kg^{-1}，（3）B に関するモル分率と質量モル濃度との関係を求めよ。ただし，A と B のモル質量は M_A g mol^{-1}，M_B g mol^{-1} とし，A を溶媒，B を溶質とみなすものとする。

問題 12.3

50.00 g のクロロベンゼン（モル質量 112.6 g mol^{-1}）と同じ質量のブロモベンゼン（モル質量 157.0 g mol^{-1}）とを混合した 20℃ の溶液がある。理想溶液とみなすことができるものとして，この溶液の蒸気圧（全圧）を計算せよ。ただし，20℃ でのクロロベンゼンの蒸気圧は 1.13 kPa，ブロモベンゼンの蒸気圧は 0.416 kPa とする。

問題 12.4

25℃ の水 1.00 dm^3 にグルコースを溶かしたところ，浸透圧が 2.80×10^5 Pa となった。質量百分率濃度を求めよ。グルコースを溶かしたことによる体積変化はないものとする。

問題 12.5

水柱の高さにして 1.05 cm の浸透圧を与える水溶液のモル濃度を求め，溶質がモル質量 1.00×10^6 g mol^{-1} の高分子化合物とした場合に，この溶液の単位体積（1 dm^3）に含まれる溶質の質量を計算せよ。また，この質量の溶質が 1.00 kg の水に溶解した溶液の凝固点降下 ΔT_f を計算せよ。ただし浸透圧測定時の温度は 25℃ とし，水の K_f は 1.86 K kg mol^{-1}，1.013×10^5 Pa は水柱を 1033 cm の高さに押し上げる圧力に等しいものとする。

13　溶液内の化学反応

　　水溶液内で起こる化学反応では，分子あるいはイオン
が他の分子あるいはイオンに作用して新しい物質に変化
する。酸塩基反応では酸と塩基から塩が生成し，沈殿生
成反応では陽イオンと陰イオンから水に難溶性の無電荷
の塩が生成する。新しい物質に変化する際に，分子ある
いはイオンを構成している特定の元素の酸化数が変わる
反応もある。それが酸化還元反応である。これらの反応
は，単独あるいはいくつかを組み合わせることによっ
て，新素材や新しいエネルギー源の開発などに利用され
ている。

13.1　酸塩基反応

13.1.1　酸と塩基の定義

　　酸と**塩基**の定義で重要なものが3つある。それらは，水溶液中での酸や塩基の反
応を電離説で説明しようとしたアレニウスの定義，プロトン（陽子）の授受で説明
しようとしたブレンステッドの定義，電子対の授受で説明しようとしたルイスの定
義である。この節では酸塩基反応に伴う水素イオン濃度の変化に着目し，アレニウ
スとブレンステッドの考え方について解説する。

（1）　アレニウスの定義

　　「電解質は水溶液中で常に一定の電離度で陽イオンと陰イオンに解離している」
という電離説を酸塩基に適用して，アレニウスは

$$HCl(g) \rightarrow H^+ + Cl^- \tag{13.1}$$

で表される塩化水素 $HCl(g)$ のような「水に溶解すると水素イオンと陰イオンに解
離する電解質」を酸と定義し

$$NaOH(s) \rightarrow Na^+ + OH^- \tag{13.2}$$

で表される水酸化ナトリウム $NaOH(s)$ のような「水に溶解すると水酸化物イオ
ンと陽イオンに解離する電解質」を塩基と定義した。この定義はわかりやすいが，
アンモニア NH_3 のように水酸基をもたないが，その水溶液が塩基性を示す電解質
に対しては，これとは別の視点での酸や塩基の定義が必要であった。

141

142　　　　　　　　　　　　　　　　　　　　　　　　　　　　　13. 溶液内の化学反応

例題 13.1

　　アレニウスの定義が提出される 100 年ほど前に，酸素の命名者であるラボアジェは「酸素がすべての酸の素であって，酸は必ず酸素を含む」と考えた。この考えは SO_2 のような非金属元素の酸化物の水溶液が酸性を示すことは説明できたが，CaO のような金属元素の酸化物の水溶液が塩基性を示す理由が説明できなかった。SO_2 と CaO の水との化学反応式を記せ。

解答

$$SO_2 + H_2O \rightarrow H^+ + HSO_3^-,$$
$$CaO + H_2O \rightarrow Ca^{2+} + 2\,OH^-$$

（2）　ブレンステッドの定義

　　アンモニア水が塩基性を示すのは

$$NH_3 + H_2O \rightarrow NH_4^+ + OH^- \tag{13.3}$$

という反応に起因する。アンモニア水中で NH_3 が NH_4^+ に変化するためには，NH_3 は

$$NH_3 + H^+ \rightarrow NH_4^+ \tag{13.4}$$

という反応でプロトン H^+ を受け取る必要がある。アンモニア水中では，このプロトンは

$$H_2O \rightarrow H^+ + OH^- \tag{13.5}$$

という反応で溶媒である H_2O から供給される。そうすると，アンモニア水が塩基性を示す反応すなわち式(13.3)の反応は，式(13.4)と式(13.5)を足し合わせてプロトンを消去した反応に他ならない。

　　酸の水溶液についてもプロトンの授受を考えると，塩酸中で HCl が Cl^- に変化するためには，HCl は

$$HCl \rightarrow H^+ + Cl^- \tag{13.6}$$

という反応でプロトンを放出する必要がある。塩酸中では，このプロトンは

$$H^+ + H_2O \rightarrow H_3O^+ \tag{13.7}$$

という反応で溶媒である H_2O に受け取られるので，H_2O は**オキソニウムイオン** H_3O^+（4.3 節参照）に変化する。そうすると，式(13.6)と式(13.7)を足し合わせてプロトンを消去した反応

$$HCl + H_2O \rightarrow H_3O^+ + Cl^- \tag{13.8}$$

が，塩酸が酸性を示す反応になる。

　　このように考えると，プロトンの授受をめぐって酸と塩基はまったく逆の挙動を示すことになる。この点に着目して，ブレンステッドとローリーは，式(13.6)の HCl のような「**プロトン供与体**（プロトンを与える物質）」を酸，式(13.4)の NH_3 のような「**プロトン受容体**（プロトンを受け取る物質）」を塩基と定義した。このように酸塩基を定義すると，ブレンステッド酸とブレンステッド塩基との間には

$$\text{ブレンステッド酸}^{n+} \rightleftharpoons \text{ブレンステッド塩基}^{(n-1)+} + \text{プロトン} \tag{13.9}$$

という関係が書けることになる。

13.1 酸塩基反応 143

例題 13.2

式(13.3)の反応，およびその逆反応で，NH_4^+，NH_3，H_2O および OH^- のうちで，ブレンステッド酸として働いている化学種とブレンステッド塩基として働いている化学種をそれぞれ示せ。

解答

ブレンステッド酸（プロトン供与体）は NH_4^+ と H_2O，ブレンステッド塩基（プロトン受容体）は NH_3 と OH^-。

13.1.2　水のイオン積

式(13.5)の反応では H_2O はプロトンを与えているから酸として働いている。ところが，式(13.7)の反応では H_2O はプロトンを受け取っているから塩基として働いている。そうすると，式(13.5)と式(13.7)を足し合わせてプロトンを消去し，その逆反応も含めると，酸としての H_2O と塩基としての H_2O の反応が

$$H_2O + H_2O \rightleftharpoons H_3O^+ + OH^- \tag{13.10}$$

で表されることになる。この反応を水の**自己プロトリシス反応**という。

式(13.10)の反応の標準平衡定数 $K°$ は，H_2O が H_3O^+ や OH^- イオンに比べてきわめて多量に存在することを考慮して

$$K° = [H_3O^+][OH^-] \tag{13.11}$$

で与えられる。H_3O^+ を H^+ と略記すれば

$$K_w = [H^+][OH^-] \tag{13.12}$$

という**水のイオン積**（自己プロトリシス定数）と呼ばれる定数 K_w を定義することができる。この K_w の 25℃ での値は 1.0×10^{-14} である。

例題 13.3

25℃ の純水における $[H^+]$ と $[H_2O]$ の比を計算せよ。ただし，純水の密度は $1.00\,\mathrm{g\,cm^{-3}}$ とする。

解答

純水 $1.00\,\mathrm{dm^3}$ の質量は $1.00 \times 10^3\,\mathrm{g}$ である。また，$1.00 \times 10^3\,\mathrm{g}$ の H_2O の物質量は $1.00 \times 10^3/18.0\,\mathrm{mol}$。したがって，純水では $[H_2O] = 55.6\,\mathrm{M}$。一方，$[H^+]$ の値は，$1.0 \times 10^{-7}\,\mathrm{M}$ であるから，両者の比は，1.8×10^{-9}。なお，$[H_2O] = 55.6\,\mathrm{M}$ は，密度が $1.00\,\mathrm{g\,cm^{-3}}$ とみなせるような希薄水溶液には常に適用できる。

13.1.3　水素イオン指数（pH）

水溶液が酸性であるか塩基性であるかは溶液中の水素イオン濃度 $[H^+]$ によって決まり，25℃ の酸性溶液では $[H^+] > 1.0 \times 10^{-7}\,\mathrm{M}$，中性溶液では $[H^+] = 1.0 \times 10^{-7}\,\mathrm{M}$，塩基性溶液では $[H^+] < 1.0 \times 10^{-7}\,\mathrm{M}$ である。溶液中の $[H^+]$ は非常に小さい値となる場合があるし，また何桁にもわたって変化する場合があるので

$$pH = -\log([H^+]/M) \tag{13.13}$$

で定義される pH（**水素イオン指数**）で溶液の酸性度を表すことが多い。log は底が 10 の常用対数である。溶液の酸性度を pH で表現すると，酸性溶液では pH < 7，

144   13. 溶液内の化学反応

中性溶液では pH=7, 塩基性溶液では pH>7 となる。

例題 13.4

25℃ で純水の pH が 7 となる理由を説明せよ。

解答

純水では K_w に含まれる化学種の平衡濃度に [H$^+$]＝[OH$^-$] の関係があり

$$K_w = [H^+][OH^-]$$

で定義される K_w の値が 1.0×10^{-14} であるので

$$[H^+]^2 = 1.0 \times 10^{-14} \, M^2$$

となり, pH=7 になる。

13.1.4 酸 の 強 さ

酢酸の水溶液中では

$$CH_3COOH + H_2O \rightleftharpoons H_3O^+ + CH_3COO^- \tag{13.14}$$

という解離反応が起こる。この反応の標準平衡定数 $K°$ は, H$_3$O$^+$ を H$^+$ と略記すれば例題 10.5 にあるように

$$K° = \frac{[CH_3COO^-][H^+]}{[CH_3COOH]} \tag{13.15}$$

で与えられる。この定数は, **酸解離定数** K_a とも呼ばれる。式(13.15)のように K_a を定義することは, 式(13.14)の反応を

$$CH_3COOH \rightleftharpoons H^+ + CH_3COO^- \tag{13.16}$$

と表すことを意味している。

酸解離定数は酸解離反応の平衡の位置を示す定数であるので, この値で酸の強さを比較することができる。ただし, K_a は非常に小さい値となる場合があるし, 酸の違いによって何桁にもわたって変化する値なので, $-\log[H^+]$ を pH と表すのと同様に $-\log K_a = pK_a$ で K_a の数値を表す。K_a が大きい (pK_a が小さい) ほど強い酸になる。

例題 13.5

CH$_3$COOH などの弱酸の pK_a 値は多くのデータ集に載せられているが, HCl や HNO$_3$ のような強酸に対しては測定値が示されていない。その理由は何か。

解答

HCl の酸解離反応

$$HCl \rightarrow H^+ + Cl^-$$

では, 平衡の位置が生成系の方 (右方向) に大きく偏っている。そのため [HCl]≪[Cl$^-$] となり, 測定できないほど K_a 値が大きくなるため。

13.1.5 塩基と塩の加水分解

13.1.1 項で説明したように, アンモニア水中では

$$NH_3 + H_2O \rightleftharpoons NH_4^+ + OH^- \tag{13.17}$$

という平衡が成立している。酢酸の水溶液の場合と同様な手順でこの反応に対して

$$K_b = \frac{[NH_4^+][OH^-]}{[NH_3]} \tag{13.18}$$

という**塩基解離定数**と呼ばれる K_b を定義することができ，この塩基解離定数の値で塩基の強さを比べることができる。酸の場合と同じ理由で，K_b の代わりに $pK_b = -\log K_b$ で数値を示す場合が多い。K_b が大きい（pK_b が小さい）ほど強い塩基になる。

強電解質である酢酸ナトリウムは，水に溶解すると

$$CH_3COONa(s) \rightarrow Na^+ + CH_3COO^- \tag{13.19}$$

のように完全に電離するが，この電離によって生成した CH_3COO^- は

$$CH_3COO^- + H_2O \rightleftharpoons CH_3COOH + OH^- \tag{13.20}$$

のように加水分解して，OH^- を生じる。そのため，酢酸ナトリウムの水溶液は塩基性を示す。たとえば，0.1 M の酢酸ナトリウム溶液の pH は 8.9 になる。ところで，式(13.20)で CH_3COO^- の代わりに NH_3 を考えると，CH_3COOH は NH_4^+ になる。そうすると，CH_3COO^- の加水分解反応とは CH_3COO^- という塩基の塩基解離反応と見ることもできる。

例題 13.6

塩化アンモニウムの水溶液は酸性を示す。その理由を説明せよ。

解答

塩化アンモニウムを水に溶解すると

$$NH_4Cl(s) \rightarrow NH_4^+ + Cl^-$$

のように完全に電離するが，この電離によって生じた NH_4^+ は

$$NH_4^+ + H_2O \rightleftharpoons H_3O^+ + NH_3$$

のように加水分解して，H_3O^+ を生じる。そのため，塩化アンモニウムの水溶液は酸性を示す（たとえば，0.1 M の塩化アンモニウム溶液の pH は 5.1 になる）。上の式で NH_4^+ の代わりに CH_3COOH を考えると，NH_3 は CH_3COO^- になる。そうすると，NH_4^+ の加水分解反応とは NH_4^+ という酸の酸解離反応と見ることもできる。

13.1.6 pH 緩衝液

水で希釈したり強酸や強塩基を加えたりしても，pH をできるだけ変化させないように作用する溶液を **pH 緩衝液**（以後，単に**緩衝液**）という。pH 4～6 付近の緩衝液としては酢酸と酢酸ナトリウムの混合溶液，pH 6～8 付近ではリン酸二水素カリウムとリン酸水素二ナトリウムの混合溶液，pH 8～10 付近ではアンモニアと塩化アンモニウムの混合溶液がよく使用される。

例として，0.100 mol の酢酸と 0.100 mol の酢酸ナトリウムを含む 1.00 dm³ の緩衝液を取り上げる。酢酸は電離度が小さいので，この緩衝液中の $[CH_3COOH]$ は 0.100 M と近似できる。酢酸ナトリウムは強電解質であるから，この緩衝液中の $[CH_3COO^-]$ は 0.100 M と近似できる。そうすると，酢酸の酸解離定数

$$K_a = \frac{[H^+][CH_3COO^-]}{[CH_3COOH]} = 10^{-4.74} \tag{13.21}$$

に $[CH_3COOH]=[CH_3COO^-]=0.100$ M を代入すると $[H^+]=10^{-4.74}$ M となる。したがって，この緩衝液の pH は 4.74 となる。

この緩衝液に 0.001 mol の NaOH を加えたとすると

$$CH_3COOH+NaOH \rightarrow CH_3COONa+H_2O \qquad (13.22)$$

の反応が進み，加えた NaOH の量だけ CH_3COOH が減少し，CH_3COO^- が増加する。したがって，$[CH_3COOH]=0.100-0.001=0.099$ M，$[CH_3COO^-]=0.100+0.001=0.101$ M となる。式(13.21)にこれらの値を代入すると $[H^+]=10^{-4.75}$ M となり，pH は 4.75 となる。すなわち，pH は 0.01 高くなるだけである。一方，純水 1.00 dm^3 に 0.001 mol の NaOH を加えた場合には，pH は 7 から 11 まで上昇する。

例題 13.7

0.100 mol の酢酸と 0.100 mol の酢酸ナトリウムを含む 1.00 dm^3 の緩衝液に 0.001 mol の HCl を加えた場合，pH はどれだけ低くなるか。

解答

この緩衝液に HCl を加えると

$$CH_3COONa+HCl \rightarrow CH_3COOH+NaCl$$

の反応が進み，加えた HCl の量だけ CH_3COOH が増加し，CH_3COO^- が減少する。したがって，$[CH_3COOH]=0.100+0.001=0.101$ M，$[CH_3COO^-]=0.100-0.001=0.099$ M となる。式(13.21)にこれらの値を代入すると $[H^+]=10^{-4.73}$ M となり，pH は 4.73 となる。すなわち，pH は 0.01 低くなるだけである。一方，純水 1.00 dm^3 に 0.001 mol の HCl を加えた場合，pH は 7 から 3 まで低下する。

13.2 沈殿の生成反応

13.2.1 難溶性塩の溶解

十分な量の固体の塩化銀 $AgCl(s)$ を水に分散させると，同量の銀イオンと塩化物イオンが溶け出して溶解平衡

$$AgCl(s) \rightleftharpoons Ag^+ + Cl^- \qquad (13.23)$$

に達する。ここで，溶解した塩化銀のモル濃度を S とすると

$$[Ag^+]=[Cl^-]=S \qquad (13.24)$$

が成立する。S は溶液の温度が一定ならば一定値となるので，$[Ag^+]$ と $[Cl^-]$ の積

$$[Ag^+][Cl^-]=S^2 \qquad (13.25)$$

も一定値となる。S^2 は M^2 単位を使用する限り，10.2.3 項で定義した**溶解度積** K_{sp} に数値は一致する。もちろん，難溶性の塩ほど溶解度積は小さい。塩化銀の溶解度積は $K_{sp}=10^{-9.8}$ であるから，塩化銀水溶液の飽和モル濃度は $10^{-4.9}=1.3\times10^{-5}$ M となる。

例題 13.8

1.0×10^{-2} M の硝酸銀水溶液に塩化銀を添加した際，溶解した塩化銀のモル濃度 S を求めよ。ただし，塩化銀の溶解度積は $K_{sp}=10^{-9.8}$ とする。

13.2 沈殿の生成反応　　　　　　　　　　　　　　　　　　　　147

解答

$$[Ag^+] = S + 1.0 \times 10^{-2}\,M \approx 1.0 \times 10^{-2}\,M$$
$$[Cl^-] = S$$

これらを $[Ag^+][Cl^-] = 10^{-9.8}\,M^2$ に代入すると

$$(1.0 \times 10^{-2}\,M)S = 10^{-9.8}\,M^2$$

となり，$S = 10^{-7.8} = 1.6 \times 10^{-8}\,M$ となる。この S の値は $S + 1.0 \times 10^{-2}\,M \approx 1.0 \times 10^{-2}\,M$ の近似が妥当であることを示すとともに，$1.0 \times 10^{-2}\,M$ の硝酸銀水溶液に溶解する塩化銀の量が純水の場合と比べて3桁低下することを示している。

13.2.2　沈殿の生成

硝酸銀水溶液に塩化ナトリウム水溶液を加えて塩化銀を沈殿させる際の平衡反応

$$Ag^+ + Cl^- \rightleftharpoons AgCl(s) \tag{13.26}$$

は式(13.23)の逆反応であるから，13.2.1項の溶解度積 $K_{sp} = 10^{-9.8}$ と沈殿の生成反応の標準平衡定数は逆数関係にある。

式(13.26)の反応で生成した AgCl(s) を溶液中に均一に分散させることができたとすると，この反応系での銀イオンの全濃度 C_{Ag} と塩化物イオンの全濃度 C_{Cl} は

$$C_{Ag} = [Ag^+] + [AgCl(s)], \tag{13.27}$$
$$C_{Cl} = [Cl^-] + [AgCl(s)] \tag{13.28}$$

で表される。そうすると，塩化銀が沈殿している場合には，$C_{Ag} > [Ag^+]$ で $C_{Cl} > [Cl^-]$ であるから

$$C_{Ag}C_{Cl} > [Ag^+][Cl^-] \tag{13.29}$$

となる。もちろん，M単位を使う限り，$[Ag^+][Cl^-]$ と無次元量である K_{sp} の数値は一致する。したがって，$C_{Ag}C_{Cl}/M^2 > K_{sp}$ であれば塩化銀が沈殿する。式(13.29)が成り立つように硝酸銀水溶液に塩化ナトリウム水溶液を加えると

$$(C_{Ag} - [AgCl(s)])(C_{Cl} - [AgCl(s)])/M^2 = K_{sp} \tag{13.30}$$

となるまで塩化銀が沈殿する。

塩化銀がまさに沈殿しはじめる条件では $[Ag^+] \gg [AgCl(s)]$ であるので，$C_{Ag} \approx [Ag^+]$ で $C_{Cl} \approx [Cl^-]$ と近似できる。したがって

$$C_{Ag}C_{Cl}/M^2 = K_{sp} \tag{13.31}$$

が，塩化銀が沈殿しはじめる条件となる。もちろん

$$C_{Ag}C_{Cl}/M^2 < K_{sp} \tag{13.32}$$

では，塩化銀は沈殿しない。

例題 13.9

$1.0 \times 10^{-3}\,M$ の Cl^- を含む水溶液に Ag^+ を加えていった場合，塩化銀の沈殿が生成しはじめる $[Ag^+]$ を求めよ。ただし，溶液の混合に伴う体積変化は無視できるものとし，塩化銀の溶解度積は $K_{sp} = 10^{-9.8}$ とせよ。

解答

$1.6 \times 10^{-7}\,M$

13.3 酸化還元反応

13.3.1 酸化反応と還元反応

亜鉛が塩酸に溶ける反応を考える。この反応は，HClは完全に電離しているとして

$$Zn+2\,H^+ \rightarrow Zn^{2+}+H_2 \tag{13.33}$$

と表される。ここで，水素にだけ着目すると

$$2\,H^++2\,e^- \rightarrow H_2 \tag{13.34}$$

という変化が起きている。この変化では水素は**酸化数**（欄外記事参照）が$+1$から0へ減少しているので，**還元**されている。一方，亜鉛については

$$Zn \rightarrow Zn^{2+}+2\,e^- \tag{13.35}$$

という変化が起きている。この変化では酸化数が0から$+2$へ増加しているので，亜鉛は**酸化**されている。式(13.34)や式(13.35)のように，授受される電子e^-を含む反応を**酸化還元半反応**という。

酸化還元半反応に含まれるe^-は水溶液中では安定に存在できないので，式(13.34)のH^+の還元半反応あるいは式(13.35)のZnの酸化半反応が単独で起こることはない。実際に起こる反応は，e^-が消去されるように酸化半反応と還元半反応を組み合わせた式(13.33)のような反応である。式(13.33)ではZnの酸化とH^+の還元が同時に起こっているので，このような反応を**酸化還元反応**という。

酸化半反応式と還元半反応式を組み合わせて酸化還元反応式を表すことによって，それぞれの化学種の酸化数を変化させる相手が特定される。式(13.33)の反応では，H^+がZnをZn^{2+}に酸化し，ZnがH^+をH_2に還元している。式(13.33)のH^+のように反応の相手（この場合はZn）を酸化するように作用する化学種を**酸化剤**，Znのように反応の相手（この場合はH^+）を還元するように作用する化学種を**還元剤**という。

酸化数
①単体中の原子の酸化数は0とする。
②化合物中の水素の酸化数は$+1$とする。ただし，NaHのような水素化アルカリなどでは-1とする。
③化合物中の酸素の酸化数は-2とする。ただし，H_2O_2のような過酸化物では-1とする。
④電気的に中性な化合物を構成する原子の酸化数の和は0とする。
⑤単原子イオンの酸化数は，そのイオンの価数に等しい。
⑥多原子イオンを構成する原子の酸化数の和は，そのイオンの価数に等しい。

例題 13.10

酸化還元反応

$$MnO_2+4\,H^++2\,Cl^- \rightarrow Mn^{2+}+2\,H_2O+Cl_2$$

について酸化半反応式と還元半反応式を示し，この酸化還元反応で酸化剤あるいは還元剤として作用している化学種の化学式を示せ。

解答

酸化半反応は

$$2\,Cl^- \rightarrow Cl_2+2\,e^-$$

であり，還元半反応は

$$MnO_2+4\,H^++2\,e^- \rightarrow Mn^{2+}+2\,H_2O$$

である。酸化剤はMnO_2であり，還元剤はCl^-である。

13.3.2 電池と起電力

（1） 電池式

　酸化還元反応に伴って放出される化学エネルギーを電気エネルギーとして取り出す装置が**化学電池**（以後，単に電池と記す）である。電池では，酸化半反応が起きる電極（負極あるいはマイナス極）と還元半反応が起きる電極（正極あるいはプラス極）とを導線でつないで電流を取り出す。正極と負極間に生じる電位差（電圧）を電池の**起電力**という。電解質溶液（たとえば，硫酸銅水溶液）に電極（たとえば，銅板）を浸すと，銅板は硫酸銅水溶液に対して一定の電位をもつ。これを**電極電位**という。この電位は，溶液中にある Cu^{2+} と結晶格子中にある Cu の間のエネルギー差に起因する。

　イオン化傾向（水溶液中で金属が電子を放出して陽イオンになろうとする傾向）の異なる 2 種類の金属板を電解質の水溶液に浸すと電池となる。たとえば，ダニエル電池は，亜鉛板を硫酸亜鉛水溶液に浸した半電池と銅板を硫酸銅水溶液に浸した半電池が電気的に導通のある膜で隔てられた電池である。正極では

$$Cu^{2+} + 2\,e^- \rightarrow Cu \tag{13.36}$$

という還元半反応が，負極では

$$Zn \rightarrow Zn^{2+} + 2\,e^- \tag{13.37}$$

という酸化半反応が起きている。このようなダニエル電池の構成を式(13.38)のような**電池式**で表す。

$$Zn\,|\,Zn^{2+}\,\|\,Cu^{2+}\,|\,Cu \tag{13.38}$$

すなわち，電池式では正極となる半電池を右側に，負極となる半電池を左側に書く。そして，| で電極と溶液の界面を，∥ で溶液と溶液の界面を示す。

例題 13.11

　$Ag\,|\,Ag^+$ からなる半電池と $Cu\,|\,Cu^{2+}$ からなる半電池で構成される電池の電池式と，この電池の銀電極と銅電極で起こる半反応を示せ。

解答

　銅が銀よりイオン化傾向が大きいので，銀電極が正極，銅電極が負極となる。したがって電池式は

$$Cu\,|\,Cu^{2+}\,\|\,Ag^+\,|\,Ag$$

で表される。正極では還元半反応が起こるので，銀電極では

$$Ag^+ + e^- \rightarrow Ag$$

の半反応が起こる。負極では酸化半反応が起こるので，銅電極では

$$Cu \rightarrow Cu^{2+} + 2\,e^-$$

の半反応が起こる。

（2） 電池の起電力

　電池には正極と負極という 2 つの電極があり，電池の起電力は正極と負極の間の電位差（電圧）で定義される。正極と負極間の電位差は実験的に測定できるが，一方の電極の電位を単独に測定することはできない。たとえば，式(13.38)で表され

るダニエル電池の起電力 E は，銅電極の電位を E_{Cu}，亜鉛電極の電位を E_{Zn} で表すと

$$E = E_{Cu} - E_{Zn} \tag{13.39}$$

という形で測定される。しかし，E_{Cu} あるいは E_{Zn} 単独の値を実験的に測定することはできない。また，ダニエル電池の起電力は硫酸銅水溶液および硫酸亜鉛水溶液の濃度によっても変化する。これは，E_{Cu} および E_{Zn} の値が電解液中の $[Cu^{2+}]$ および $[Zn^{2+}]$ によって変化するからである。したがって，いろいろな電池の起電力を比較するときには電解液の金属イオン濃度をある標準となる値にそろえる必要がある。電気化学では，溶液中のイオンについては濃度が正確に 1 M の場合を標準状態と定める。そうすると，標準ダニエル電池は

$$Zn\,|\,Zn^{2+}(1\,M)\,\|\,Cu^{2+}(1\,M)\,|\,Cu \tag{13.40}$$

という電池式で表される。また，標準銅電極 $Cu\,|\,Cu^{2+}(1\,M)$ の電位を E°_{Cu}，標準亜鉛電極 $Zn\,|\,Zn^{2+}(1\,M)$ の電位を E°_{Zn} で表すと，標準ダニエル電池の起電力 E° は

$$E^\circ = E^\circ_{Cu} - E^\circ_{Zn} \tag{13.41}$$

で与えられる。

例題 13.12

標準銀電極 $Ag\,|\,Ag^+(1\,M)$ と標準銅電極 $Cu\,|\,Cu^{2+}(1\,M)$ とで構成される電池の起電力を表せ。

解答

例題 13.11 に示したように，この電池では銀電極が正極，銅電極が負極となる。したがって，$E^\circ = E^\circ_{Ag} - E^\circ_{Cu}$ となる。

13.3.3 標準電極電位

13.3.2 項の (2) で述べたように，式 (13.40) で表される標準ダニエル電池の起電力 E° を実験的に測定することはできるが，E° を構成する E°_{Cu} あるいは E°_{Zn} を単独に測定することはできない。E°_{Cu} あるいは E°_{Zn} の値を実験的に決めるためには，標準電極電位の値が定められた電極を基準電極として用いる必要がある。

（1） 標準水素電極電位

E°_{Cu} あるいは E°_{Zn} の値を実験的に決めるための基準電極としては，図 13.1 のような**標準水素電極**を用い，その E°_H 値をゼロと定める。この電極の電池式は

$$Pt\,|\,H_2(1\,atm)\,|\,H^+(1\,M) \tag{13.42}$$

で表され，この電極では

$$2\,H^+ + 2\,e^- \rightleftarrows H_2 \tag{13.43}$$

の酸化還元半反応が起こる。水素電極では水素ガス H_2 が電極となることを式 (13.42) は意味するが，実際には気体を電極板に用いることはできないので，表面を多孔質の白金（白金黒）で覆った電極板を用い，この白金電極板上で式 (13.43) の反応を起こさせる。図 13.1 に示すように，この白金電極板は 1 M（H^+ の標準状態）の塩酸中に浸され，この白金電極板に向かって標準大気圧（1 気圧）の水素ガ

13.3 酸化還元反応

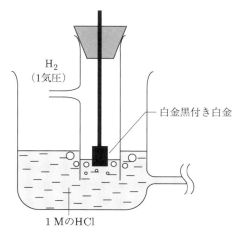

図 13.1 標準水素電極

スが絶えず通気されている。

（2）標準銅電極電位

標準水素電極と標準銅電極とで構成される電池では，水素の方が銅よりもイオン化傾向が大きいので，銅電極が正極，水素電極が負極となる。したがって，この電池の電池式は

$$\mathrm{Pt}\,|\,\mathrm{H}_2(1\,\mathrm{atm})\,|\,\mathrm{H}^+(1\,\mathrm{M})\,\|\,\mathrm{Cu}^{2+}(1\,\mathrm{M})\,|\,\mathrm{Cu} \tag{13.44}$$

で表され，この電池では

$$\mathrm{H}_2 + \mathrm{Cu}^{2+} \rightarrow 2\,\mathrm{H}^+ + \mathrm{Cu} \tag{13.45}$$

という酸化還元反応が起こる。この電池の起電力 $E°$ は

$$E° = E°_{\mathrm{Cu}} - E°_{\mathrm{H}} \tag{13.46}$$

で与えられるが，$E°_{\mathrm{H}}$ はゼロと定められているので $E° = E°_{\mathrm{Cu}}$ となる。したがって，式(13.44)の電池の起電力 $E°$ の測定値が $E°_{\mathrm{Cu}}$ 値となる。

例題 13.13

標準水素電極と標準亜鉛電極とで構成される電池の電池式，この電池で起こる酸化還元反応およびこの電池の起電力 $E°$ を示せ。

解答

亜鉛の方が水素よりもイオン化傾向が大きいので，水素電極が正極，亜鉛電極が負極となる。したがって，この電池の電池式は

$$\mathrm{Zn}\,|\,\mathrm{Zn}^{2+}(1\,\mathrm{M})\,\|\,\mathrm{H}^+(1\,\mathrm{M})\,|\,\mathrm{H}_2(1\,\mathrm{atm})\,|\,\mathrm{Pt}$$

で表される。したがって，この電池では

$$2\,\mathrm{H}^+ + \mathrm{Zn} \rightarrow \mathrm{H}_2 + \mathrm{Zn}^{2+}$$

という酸化還元反応が起こる。この電池の起電力 $E°$ は

$$E° = E°_{\mathrm{H}} - E°_{\mathrm{Zn}} = -E°_{\mathrm{Zn}}$$

となる。

13.3.4 金属の標準電極電位とイオン化傾向

13.3.3項の方法で求めた代表的な標準電極電位の値を表13.1に示す。式 (13.45) と例題13.13に示した水素電極の挙動を比較すると、水素は銅に対しては

$$H_2 \rightarrow 2\,H^+ + 2\,e^- \tag{13.47}$$

の反応で還元剤として作用するが、亜鉛に対しては

$$2\,H^+ + 2\,e^- \rightarrow H_2 \tag{13.48}$$

の反応で酸化剤として作用する。このような電極反応の可逆性を考慮して、表 13.1 では可逆反応として電極反応を表した。

表 13.1 標準電極電位（標準水素電極に対する値）

酸化還元半反応	$E°/\text{V}$	酸化還元半反応	$E°/\text{V}$
$Au^{3+} + 3e^- \rightleftarrows Au$	1.52	$Ni^{2+} + 2e^- \rightleftarrows Ni$	-0.26
$Pt^{2+} + 2e^- \rightleftarrows Pt$	1.19	$Fe^{2+} + 2e^- \rightleftarrows Fe$	-0.44
$Ag^+ + e^- \rightleftarrows Ag$	0.799	$Zn^{2+} + 2e^- \rightleftarrows Zn$	-0.76
$Hg_2^{2+} + 2e^- \rightleftarrows 2Hg$	0.796	$Al^{3+} + 3e^- \rightleftarrows Al$	-1.68
$Cu^{2+} + 2e^- \rightleftarrows Cu$	0.34	$Mg^{2+} + 2e^- \rightleftarrows Mg$	-2.36
$2H^+ + 2e^- \rightleftarrows H_2$	0.00	$Na^+ + e^- \rightleftarrows Na$	-2.71
$Pb^{2+} + 2e^- \rightleftarrows Pb$	-0.13	$Ca^{2+} + 2e^- \rightleftarrows Ca$	-2.84
$Sn^{2+} + 2e^- \rightleftarrows Sn$	-0.14	$K^+ + e^- \rightleftarrows K$	-2.92
		$Li^+ + e^- \rightleftarrows Li$	-3.05

Hg と酸化還元平衡にある水銀イオンは、Hg^+ が二核構造をとった Hg_2^{2+} という化学種である。

$E°$ の値が小さい方の電極が負極になり、負極では酸化反応が起こるということは、$E°$ の値が小さい金属ほど陽イオンになりやすい、すなわちイオン化傾向が大きいということになる。したがって、表13.1の $E°$ はイオン化傾向を数値化したものと考えることができる。

例題 13.14

金属のイオン化列と $E°$ の順序とが同じであることを確かめよ。

ヒント

金属のイオン化列は、Li, K, Ca, Na, Mg, Al, Zn, Fe, Ni, Sn, Pb, (H₂), Cu, Hg, Ag, Pt, Au である。

第13章演習問題

問題 13.1

リン酸は以下のような3段階の解離をする。

$$H_3PO_4 \rightleftarrows H^+ + H_2PO_4^-,$$
$$H_2PO_4^- \rightleftarrows H^+ + HPO_4^{2-},$$
$$HPO_4^{2-} \rightleftarrows H^+ + PO_4^{3-}$$

それぞれの pK_a は、2.12, 7.21, 12.32 である。$[HPO_4^{2-}] = 1.00\,\text{M}$, pH = 7.00 のリン酸塩溶液中での $[H_3PO_4]:[H_2PO_4^-]:[HPO_4^{2-}]:[PO_4^{3-}]$ を計算せよ。

第13章演習問題　　　　　　　　　　　　　　　　　　　　　　　　　　　　　　153

問題 13.2

25℃ で $CH_3COO^- + H_2O \rightleftharpoons CH_3COOH + OH^-$ なる平衡が成り立っている系を考える。

（1）　CH_3COO^- の塩基解離定数 K_b を定義せよ。

（2）　CH_3COOH の酸解離定数 K_a と CH_3COO^- の塩基解離定数 K_b の積が水のイオン積に等しいことを示せ。

（3）　CH_3COOH の K_a を $10^{-4.74}$ として CH_3COO^- の pK_b の値を求めよ。

問題 13.3

pH 4.50 の緩衝液を調製するためには 0.200 M の酢酸 100 cm³ に同じ濃度の酢酸ナトリウムをどれだけ加えたらよいか。CH_3COOH の酸解離定数 K_a を $10^{-4.74}$ とする。

問題 13.4

塩化銀と臭化銀の両方の沈殿に対して溶解平衡に達している水溶液中に存在する銀イオン，塩化物イオンおよび臭化物イオンの濃度を計算せよ。ただし，塩化銀の溶解度積は 1.8×10^{-10}，臭化銀の溶解度積は 5.4×10^{-13} とする。

問題 13.5

硫酸酸性で過酸化水素に過マンガン酸カリウムを作用させると，過酸化水素は酸化されて酸素を発生し，過マンガン酸イオンは酸化数 2 のマンガンイオンに還元される。

（1）　過マンガン酸イオンの還元半反応式を示せ。

（2）　過酸化水素の酸化半反応式を示せ。

（3）　過マンガン酸イオンによる過酸化水素の酸化還元反応式を示せ。

問題 13.6

標準銀電極 $Ag\,|\,Ag^+(1\,M)$ と標準亜鉛電極 $Zn\,|\,Zn^{2+}(1\,M)$ とで構成される電池の起電力が 1.56 V であったとして

（1）　この電池の電池式を示せ。

（2）　この電池で起こっている酸化還元反応を示せ。

（3）　E°_{Zn} が -0.76 V（標準水素電極に対する値）であるとして E°_{Ag} の値を求めよ。

コラム：二次電池——リチウムイオン電池のしくみ

　カーボンニュートラルの実現には再生可能エネルギーの活用が不可欠である。風力や太陽光は，風車や太陽電池により直接電気エネルギーへ変換されるが，発電と電力消費のピークに時間差があることも多い。そのため，発電時の余剰エネルギーは，充電により繰り返し使用できる二次電池などの蓄電デバイスに蓄えられる。安価で高出力な鉛蓄電池や高出力で長寿命なニッケル水素電池などもシステムの規模や放出エネルギーにより依然使われてはいるが，今後の主流はリチウムイオン電池であろう。リチウムの標準電極電位は -3.045 V でナトリウムやカリウムと比べてもその絶対値が大きく，負極に金属リチウムを使用することで起電力の大きい電池が得られる。リチウムイオン二次電池の原型は，負極に金属リチウムを，正極に層状二硫化チタンを使用した電池であった。この場合，二硫化チタンの層間に Li^+ が挿入・脱離を繰り返す反応（インターカレーション反応）を利用して充放電ができる。しかし，この電池は繰り返しの使用に伴い負極が正極と短絡する不具合が生じたため実用化には至らなかった。その後，負極に黒鉛（グラファイト），正極にコバルト酸リチウムを組み合わせたリチウムイオン電池が開発された。正極を層状構造のコバルト酸リチウムにすることで Li^+ のインターカレーション反応が実現できる。リチウムイオン電池では，Li^+ が電池内部を，電子が外部回路を移動することで充放電できる（図 13.2）。電極間には有機溶媒に溶かした電解質が存在し，電池内部の電荷を運ぶ担い手となる。充電時に外部から電極間に電圧を印加すると，正極では Li^+ が電解質へ溶けだし Co^{3+} の一部が Co^{4+} へ酸化され電子が外部電源へ流れる。負極では電解質から Li^+ が黒鉛の層間に取り込まれるインターカレーション反応が起きると同時に，外部電源から電子が供給され電荷中性を保つ。放電時には逆の反応が起きる。黒鉛は Li^+ を納める入れ物として働き，反応には関与しない。大容量で起電力が大きいリチウムイオン電池は，小型化や軽量化が可能なため携帯電話やノートパソコン，電気自動車など身近なところで用いられている。2019 年のノーベル化学賞は，リチウムイオン電池の開発を受賞理由としてグッドイナフ博士，ウィッティンガム博士，吉野彰博士に授与された。

（宮林恵子）

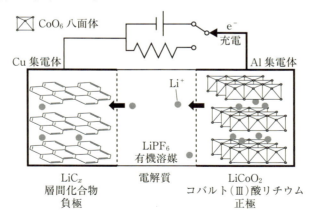

図 13.2　正極がコバルト酸リチウム，負極が黒鉛のリチウムイオン電池の充電時の模式図

14　化学反応の速度

あらゆる化学反応は，反応に関与する化学物質の濃度，反応場の温度，添加した触媒の種類などに応じて，反応系から生成系に向かって固有の速さで進む。これらの反応には，水溶液中で H^+ と OH^- から H_2O を生成する反応のように酸と塩基を混ぜた瞬間に完結するような反応から，気体の H_2 と I_2 から HI が生成していくようなゆっくりとした反応までが含まれる。

14.1　反応速度と反応速度式

A と B から P を生成する式(14.1)のような均一系の反応を考える。

$$A+B \rightarrow P \tag{14.1}$$

反応開始前の A と B のモル濃度 [A] および [B]（これを**初期濃度**と呼ぶ）をそれぞれ a_0，b_0 とし，時間が t 経過した時点での P のモル濃度 [P] を x とする。また，反応中の系の体積は一定とし，モル濃度と物質量は比例するものとする。このとき，反応前と反応中の A，B および P のモル濃度は，表 14.1 のようになる。なお，気体におけるモル濃度は単位体積あたりの物質量で与えられる。

表 14.1　式(14.1)の反応における濃度の経時変化

	[A]	[B]	[P]
反応開始前	a_0	b_0	0
反応開始後時間 t	a_0-x	b_0-x	x

A，B および P の濃度の時間微分は

$$\frac{\mathrm{d}[A]}{\mathrm{d}t} = \frac{\mathrm{d}(a_0-x)}{\mathrm{d}t} = -\frac{\mathrm{d}x}{\mathrm{d}t}, \tag{14.2}$$

$$\frac{\mathrm{d}[B]}{\mathrm{d}t} = \frac{\mathrm{d}(b_0-x)}{\mathrm{d}t} = -\frac{\mathrm{d}x}{\mathrm{d}t}, \tag{14.3}$$

$$\frac{\mathrm{d}[P]}{\mathrm{d}t} = \frac{\mathrm{d}x}{\mathrm{d}t} \tag{14.4}$$

で与えられる。式(14.1)の反応の**反応速度** v を式(14.4)で定義する。

式(14.1)のような反応において，反応速度は，必ずしも [A] や [B] に比例するとは限らない。たとえば，$H_2(g)+Br_2(g) \rightarrow 2\,HBr(g)$ の反応の速度は複雑な濃度依存を示す。しかし，本書では，簡単のため反応速度が

155

$$v = \frac{d[P]}{dt} = \frac{dx}{dt} = k[A]^\alpha[B]^\beta \tag{14.5}$$

で与えられるような反応のみを扱う。式(14.5)は**反応速度式**あるいは単に**速度式**と呼ばれる。速度式中の k は比例定数で**反応速度定数**あるいは単に**速度定数**と呼ばれる。k の値は，反応場の温度には依存するが，反応物の濃度には依存しない。α と β を反応物 A と B に関する**次数**，α と β の和を式(14.1)の反応の**反応次数**と呼ぶ。

生成物 P の濃度の経時変化の測定から反応速度 $v = dx/dt$ を求め，v の A および B の濃度依存を解析したところ，$\alpha = 1$，$\beta = 1$ であることがわかったとする。そうすると，反応速度式は

$$v = \frac{d[P]}{dt} = \frac{dx}{dt} = k[A][B] \tag{14.6}$$

となる。この場合，この反応は，反応物 A に関して一次，反応物 B に関して一次に依存する二次反応ということになる。

例題 14.1

化学反応式の係数が 1 ではない反応，たとえば
$$2\,A \rightarrow P$$
の反応速度 v は，次式で定義される。
$$v = -\frac{1}{2}\frac{d[A]}{dt} = \frac{d[P]}{dt}$$
右辺と中辺の値が等しいことを示せ。反応中の体積変化はないものとする。

ヒント

上の化学反応において，A の初期濃度を a_0，時間が t 経過した時点での P の濃度を x とする。反応前および反応中の A と P の濃度は，次表のようになる。

	$[A]$	$[P]$
反応開始前	a_0	0
反応開始後時間 t	$a_0 - 2x$	x

14.2 一 次 反 応

もっとも簡単な**一次反応**は，異性化反応のような反応物が 1 つだけで，その濃度に比例して生成物が生成する反応である。すなわち

$$A \rightarrow P \tag{14.7}$$

において，速度式が

$$v = \frac{d[P]}{dt} = -\frac{d[A]}{dt} = k[A] \tag{14.8}$$

で表される反応である。この速度式は式(14.5)において $\alpha = 1$，$\beta = 0$ の場合に相当する。

A の初期濃度を a_0，反応開始 t 後の濃度を a とすると，式(14.8)は

$$-\frac{da}{dt} = ka \tag{14.9}$$

$$-\frac{1}{a}\mathrm{d}a = k\mathrm{d}t \tag{14.10}$$

と変形できる。式(14.10)を積分して初期条件を入れると

$$-\int\frac{1}{a}\mathrm{d}a = k\int\mathrm{d}t \tag{14.11}$$

$$-\ln a = kt - \ln a_0 \tag{14.12}$$

$$\ln\frac{a_0}{a} = kt \tag{14.13}$$

を得る。よって，$\ln(a_0/a)$ を時間に対してプロットしたものは原点を通る直線となる。この直線の傾きから速度定数 k を求めることができる。式(14.13)から明らかなように，一次反応の速度定数の次元は （時間）$^{-1}$ であり，単位には通常 s^{-1} を用いる。なお，式(14.13)を a について解けば

$$[\mathrm{A}] = a = a_0 \exp(-kt) \tag{14.14}$$

となる。式(14.7)の反応が半分進む，すなわち $a = a_0/2$ となるのに要する時間を**半減期**（$t_{1/2}$）という。$a = a_0/2$ を式(14.13)または式(14.14)に代入すると，一次反応の半減期として

$$t_{1/2} = \frac{\ln 2}{k} \tag{14.15}$$

を得る。式(14.15)が示すように，一次反応における半減期は初期濃度に依存しない。

例題 14.2

　　反応が 99.9% 進んだ時点でその反応は完結したとみなすとする。式(14.7)の一次反応が完了するのに要する時間は，半減期（$t_{1/2}$）の何倍になるか。

解答

　　式(14.7)の反応が 99.9% 進むのに要する時間を $t_{0.999}$ で表すと，$t_{0.999}$ では $a = a_0/1000$ であるから

$$\ln\{a_0/(a_0/1000)\} = \ln 1000 = kt_{0.999}$$

となる。したがって

$$t_{0.999} = \ln 1000 / k$$

を得る。

$$t_{0.999}/t_{1/2} = \ln 1000 / \ln 2 = 9.97$$

であるから，一次反応が完結するのには半減期の 9.97 倍の時間が必要になる。

14.3　二　次　反　応

　二次反応には式(14.5)で，$\alpha = 2$，$\beta = 0$ のものや $\alpha = 1$，$\beta = 1$ のものなどが考えられる。式(14.16)の反応が，反応速度が $[\mathrm{A}]^2$ に比例する二次反応であるとしよう。

$$2\,\mathrm{A} \rightarrow \mathrm{P} \tag{14.16}$$

速度式は，式(14.5)において $\alpha = 2$，$\beta = 0$ とした場合に相当し

$$\frac{\mathrm{d}[\mathrm{P}]}{\mathrm{d}t} = -\frac{1}{2}\frac{\mathrm{d}[\mathrm{A}]}{\mathrm{d}t} = k[\mathrm{A}]^2 \tag{14.17}$$

となる。気相での塩化ニトロシルの熱分解反応

$$2\,NOCl(g) \rightarrow 2\,NO(g) + Cl_2(g) \tag{14.18}$$

あるいは，気相でのヨウ化水素の分解反応

$$2\,HI(g) \rightarrow H_2(g) + I_2(g) \tag{14.19}$$

などが式(14.17)の速度式に従う反応の例となる。

式(14.16)の反応で，A の初期濃度を a_0，反応開始 t 後の濃度を a とすると，その速度式は

$$-\frac{1}{2}\frac{da}{dt} = ka^2 \tag{14.20}$$

で表される。この式を

$$-\frac{da}{a^2} = 2k\,dt \tag{14.21}$$

と変形し，積分して初期条件を入れると

$$-\int\frac{da}{a^2} = 2\int k\,dt \tag{14.22}$$

$$\frac{1}{a} - \frac{1}{a_0} = 2kt \tag{14.23}$$

を得る。

$1/a - 1/a_0$ の時間に対してのプロットは原点を通る直線となり，この傾きから速度定数 k を求めることができる。式(14.20)あるいは式(14.23)から明らかなように，この二次反応の速度定数の次元は（濃度）$^{-1}\times$（時間）$^{-1}$ である。

式(14.24)で表される反応が，$\alpha=1$，$\beta=1$ の二次反応であるとしてみよう。

$$A + B \rightarrow P \tag{14.24}$$

速度式は式(14.6)で与えられる。酢酸エチルのアルカリ加水分解反応

$$CH_3COOC_2H_5 + OH^- \rightarrow CH_3COO^- + C_2H_5OH \tag{14.25}$$

やヨウ化水素の生成反応

$$H_2(g) + I_2(g) \rightarrow 2\,HI(g) \tag{14.26}$$

などが式(14.6)の速度式に従う。

式(14.24)の反応で，A，B の初期濃度を a_0，b_0（ただし $a_0 \neq b_0$）とし，反応開始 t 後の A，B および生成物 P の濃度を a，b および x とすると，速度式は

$$-\frac{d[A]}{dt} = -\frac{d[B]}{dt} = kab = k(a_0-x)(b_0-x), \tag{14.27}$$

$$\frac{d[P]}{dt} = \frac{dx}{dt} = k(a_0-x)(b_0-x) \tag{14.28}$$

で表される。式(14.28)を

$$\frac{1}{a_0-b_0}\Big(\frac{1}{b_0-x} - \frac{1}{a_0-x}\Big)dx = k\,dt \tag{14.29}$$

と変形し，積分して初期条件を入れると

$$\frac{1}{a_0-b_0}\ln\Big(\frac{b_0(a_0-x)}{a_0(b_0-x)}\Big) = kt \tag{14.30}$$

を得る。これより，$\ln\{b_0(a_0-x)/a_0(b_0-x)\}$ の時間に対してのプロットは原点を通る直線となるので，この傾きから速度定数 k を求めることができる。この二次

$H_2+I_2 \rightarrow 2\,HI$ の反応が二次反応なのに対して，14.1節で触れたように $H_2+Br_2 \rightarrow 2\,HBr$ が二次反応でないことには，納得がいかない読者もいるかもしれない。これは，ハロゲン原子を X で表すとして，反応が H_2X_2 というような状態を経て2つの HX 分子が生成しているのではないことを示している。実際の反応は，H 原子や X 原子などの反応中間体が複雑に絡み合って，最終的な生成物に至っている。

14.5 可逆反応と標準平衡定数 159

反応の速度定数の次元も （濃度）$^{-1}$×（時間）$^{-1}$ である。

例題 14.3

濃度の時間依存が式(14.23)で与えられる反応の半減期を求めよ。

解答

$$t_{1/2}=\frac{1}{2a_0 k}$$

このように，一般に一次反応以外の反応では，半減期は初期濃度に依存する。

14.4 擬一次反応

式(14.24)の二次反応で，A の初期濃度 a_0 に比べて B の初期濃度 b_0 を大過剰にすると，$b_0-x\approx b_0$ と近似できる。よって，式(14.27)の速度式は

$$-\frac{\mathrm{d}[\mathrm{A}]}{\mathrm{d}t}=-\frac{\mathrm{d}a}{\mathrm{d}t}=kab_0 \tag{14.31}$$

と近似できる。式(14.31)は，比例定数が kb_0 か k であるかが違うものの，式(14.9)に示した一次反応の速度式と同じ形である。すなわち，$b_0\gg a_0$ となるように濃度条件を設定することによって，二次反応を一次反応として扱うことができるようになる。このような反応を**擬一次反応**という。

式(14.31)を積分すると

$$\ln\frac{a_0}{a}=kb_0 t \tag{14.32}$$

となるので，$\ln(a_0/a)$ の時間依存から kb_0 すなわち k を求めることができる。

例題 14.4

濃度の時間依存が式(14.32)で与えられる反応の半減期を求め，一次反応の半減期と比較せよ。

解答

式(14.32)の速度定数を k_2 とし，$a=a_0/2$ を代入すると半減期は $t_{1/2}=\ln 2/(b_0 k_2)$ となる。一方，一次反応の速度定数を k_1 とすると，$t_{1/2}=\ln 2/k_1$ であるから両者の比は $k_1/(b_0 k_2)$ となる。なお，速度定数そのものは次元が異なるため，比較の対象とならない。

14.5 可逆反応と標準平衡定数

可逆反応の反応速度を扱う場合には，逆反応の影響を考慮しなければならない。もっとも簡単な可逆反応は反応物 A が生成物 P に変化する反応およびその逆反応

$$\mathrm{A}\rightleftarrows\mathrm{P} \tag{14.33}$$

である。ここで，**正反応**，**逆反応**ともに一次反応である場合を考える。それぞれの速度定数を k_+ および k_- で表すと，この反応の速度式は

$$\frac{\mathrm{d}[\mathrm{P}]}{\mathrm{d}t}=-\frac{\mathrm{d}[\mathrm{A}]}{\mathrm{d}t}=k_+[\mathrm{A}]-k_-[\mathrm{P}] \tag{14.34}$$

で与えられる。

式(14.33)の反応においてAおよびPの初期濃度を a_0 および 0，反応開始 t 後のAの濃度の減少量すなわちPの濃度を x とすると

$$\frac{\mathrm{d}x}{\mathrm{d}t} = k_+(a_0 - x) - k_- x \tag{14.35}$$

が成立する。式(14.33)の反応が平衡状態に達したときのPの濃度を x_∞ で表すと，平衡状態では反応に関与する化学種の濃度の経時変化が見かけ上ないので

$$k_+(a_0 - x_\infty) = k_- x_\infty \tag{14.36}$$

が成立していなければならない。式(14.36)を式(14.35)に代入すると

$$\frac{\mathrm{d}x}{\mathrm{d}t} = k_+(a_0 - x) - \frac{k_+(a_0 - x_\infty)}{x_\infty} x = \frac{k_+ a_0 (x_\infty - x)}{x_\infty} \tag{14.37}$$

となる。式(14.37)を積分し，初期条件を入れると

$$\ln \frac{x_\infty}{x_\infty - x} = \frac{a_0 k_+}{x_\infty} t \tag{14.38}$$

となる。さらに，式(14.36)より

$$\ln \frac{x_\infty}{x_\infty - x} = (k_+ + k_-) t \tag{14.39}$$

を得る。したがって，$\ln\{x_\infty / (x_\infty - x)\}$ の時間依存から $(k_+ + k_-)$ を求めることができる。

水溶液中での酢酸の解離反応は可逆反応で

$$CH_3COOH \rightleftarrows CH_3COO^- + H^+ \tag{14.40}$$

のように表される。この反応では正反応は一次反応で，逆反応は二次反応であることが知られている。それぞれの反応速度 v_+ と v_- は式(14.41)と式(14.42)で表される。

$$v_+ = k_+[CH_3COOH], \tag{14.41}$$

$$v_- = k_-[CH_3COO^-][H^+] \tag{14.42}$$

化学平衡の状態では $v_+ = v_-$ であるから

$$k_+[CH_3COOH] = k_-[CH_3COO^-][H^+] \tag{14.43}$$

となり

$$\frac{k_+}{k_-} = \frac{[CH_3COO^-][H^+]}{[CH_3COOH]} = K^\circ \tag{14.44}$$

という関係が得られ，式(14.44)が速度定数と標準平衡定数との関係を与える式となる。

例題14.5

濃度の時間依存が式(14.35)で表される可逆反応について，$\ln\{x_\infty / (x_\infty - x)\}$ の時間依存から $(k_+ + k_-)$ を求めることができる。k_+ と k_- を別々に求める方法を説明せよ。

解答

式(14.33)の反応の標準平衡定数を K° で表すと，式(14.36)より

$$K^\circ = \frac{x_\infty}{a_0 - x_\infty} = \frac{k_+}{k_-}$$

となるから，標準平衡定数 K° の情報があれば，$(k_+ + k_-)$ を k_+ と k_- に分けて決定することができる。

14.6 反応速度の温度依存

反応速度の温度依存性には種々のパターンがある。燃焼反応の多くは，ある温度まではほとんど進まないが，特定の温度を超えると連鎖的に反応が進む。また，酵素反応のように最適温度が存在する反応もある。しかし，多くの反応において速度定数 k の温度依存性は**アレニウスの式**と呼ばれる実験式

$$k = A\exp\left(-\frac{E_a}{RT}\right) \tag{14.45}$$

に従うことが知られている。ここで，A を**頻度因子**（前指数因子），E_a を**活性化エネルギー**という。R は気体定数，T は絶対温度である。この式の両辺を単位で割り算した後に自然対数をとると

$$\ln k = \ln A - \frac{E_a}{RT} \tag{14.46}$$

となる。絶対温度の逆数の関数として $\ln k$ をプロットすると，$-E_a/R$ が直線の傾きに相当する。活性化エネルギーが大きいほど，速度定数は温度に強く依存することになる。

活性化エネルギーの一般的な理論的説明は困難であるが，$HCHO \rightarrow H_2 + CO$ のような単分子分解反応では，生成物を与えるために越えなければならないエネルギー障壁と考えることができる。また，触媒には，このエネルギー障壁を下げる働きがあると考えられる。

なお，俗に「温度が10度上昇すると速度定数は2倍になる」といわれることがあるが，これは，1つの目安であり理論的根拠はない。活性化エネルギーは反応ごとに異なるので，安易な適用は慎むべきである。

加速寿命試験

プラスチック製品の多くは，熱や光によって数年から数十年という単位で劣化する。熱による劣化の寿命を推定するには，実際の使用温度より高い温度で劣化特性を調べ，その結果を外挿する。このような試験を加速寿命試験と呼ぶ。長期間使用される材料の品質評価を短時間で済ますことができるが，当然のことながら，その試験温度は化学反応の機構が変わらないと考えられる範囲内で行わなければならない。

例題 14.6

温度が25℃から35℃に10℃上昇すると速度定数が3.0倍になる反応の活性化エネルギー E_a を求めよ。

解答

$84\,\mathrm{kJ\,mol^{-1}}$

第14章演習問題

問題 14.1

$A + B \rightarrow P$ の反応における P の生成速度が

$$v = \frac{d[P]}{dt} = k[A]^\alpha [B]^\beta$$

で与えられる場合に，α と β を求める方法を説明せよ。

問題 14.2

水溶液中で H^+ と OH^- が結合して H_2O となる反応は，H^+ と OH^- の濃度の積に比例する二次反応である。速度定数を $1.3 \times 10^{11}\,\mathrm{dm^3\,mol^{-1}\,s^{-1}}$，$H^+$ と OH^- のモル濃度をともに $1.0 \times 10^{-4}\,M$ とするときの反応速度を求めよ。

問題 14.3

一酸化炭素 CO と塩素 Cl_2 からホスゲン $COCl_2$ が生成する反応は次式で表される。

$$CO(g) + Cl_2(g) \rightarrow COCl_2(g)$$

この反応の速度は，式(14.5)に従い，温度と CO 濃度を一定に保持して Cl_2 濃度を 2.0 倍にすると 2.8 倍になる。この反応の Cl_2 に関する次数はいくらか。

問題 14.4

気体の N_2O_5 の熱分解反応は，10^2 Pa 以上の圧力では一次反応で，45℃ での速度定数は 4.8×10^{-4} s^{-1} である。N_2O_5 の初期濃度を 0.45 mol m^{-3} として，620 s 経過したときに残っている N_2O_5 の濃度を計算せよ。反応中，体積は一定に保つものとする。

問題 14.5

体内で起こる消化過程の 1 つに，スクロース（ショ糖）の加水分解がある。この反応は一次反応とみなすことができ，スクロースは分解してグルコースとフルクトースになる。37℃ での速度定数を 2.5×10^{-3} s^{-1}，反応の活性化エネルギーを 108 kJ mol^{-1} として，27℃ における速度定数を計算せよ。

コラム：水素エネルギーについて

　水素は究極の脱炭素のクリーン燃料といわれており，太陽光や風力などの再生可能電力を用いた水の電気分解により生成された水素が二次エネルギーとして注目されている。しかし，工業的な水の電気分解にはいくつかの課題がある。その筆頭が，「電圧のロス（過電圧）」である。過電圧とは，実際に水の分解を起こさせるのに必要な電圧と熱力学データ（反応ギブズエネルギー，10.3 節参照）から計算される理論分解電圧（無電流条件での電圧）との差である。現実の水の電気分解では電流を流す必要があり，理論分解電圧（1.23 V）に加えて過電圧が必要となる。ここで過電圧を 0.60 V とすると，印加する電圧は 1.23＋0.60＝1.83 V となる。一方，発生した水素から得られるエネルギーは理論電圧 1.23 V に対応するものなので，3 分の 1 のエネルギーを浪費することになる。また，酸素発生側の過電圧は，酸素側の電極を酸化させてしまい，システムにダメージを与える。過電圧を減少させるために，白金やイリジウムなどの高効率な水電解触媒もしくは強アルカリ電解質を使用するなどの方法もあるが，まだ改善の余地がある。

　また，得られた水素は燃料電池を利用して電力に変換される。燃料電池から取り出せる電圧は理論的には 1.23 V だが，電流発生を伴う稼働時の電圧はその半分程度まで減少する。水素燃料電池の効率を上げるための努力も続けられている。

（伊藤省吾）

付録　化学の基礎事項

単　位

　物理量を報告する場合，pH や分子量などの一部の例外を除いて，必ず単位をつけなければならない。一般に物理量は「数値と単位の積」で表現される。日常生活では，たとえば「身長は 170 です」とか「体重は 60 です」というような表現も許されるかもしれない。しかし，科学技術の世界では，誰からも絶対に誤解されないような記述を心がけなければならない。現在，科学技術の世界ではメートル法を基本とした**国際単位系（SI）**を使うことが推奨されている。SI とはフランス語の Le Système International d'Unités の略である。SI 単位は互いに独立した 7 つの基本単位と，基本単位の積または商として作られる組立単位から構成される。また，いくつかの 10 進法の接頭語が併用される。

　以下に，国際純正・応用化学連合 IUPAC の資料に基づいた SI 基本単位と組立単位，接頭語および重要な物理定数を掲げる。なお，メートルやキログラムなどの定義については，

　　　https://www.bipm.org/utils/common/pdf/si-brochure/SI-Brochure-9.pdf
を参照されたい。なお，物理量を表す記号には斜体字（イタリック）を，単位については立体字（ローマン）を用いるのが慣例である。

　本書では，原則として SI を使用するが，例外的に溶液の濃度には M（モーラー；1 M＝1 mol dm^{-3}）を用いる場合がある。また，第 6 章ならびに第 7 章の一部において，エネルギーの単位として eV（電子ボルト）を採用している。1 eV は，「真空中で 1 V の電位差を電子が通過することによって得る運動エネルギー」と定義され，1.6022×10^{-19} J に相当する。

SI 基本単位

物理量	量の記号	SI 単位の名称	単位の記号
長さ	l	メートル	m
質量	m	キログラム	kg
時間	t	秒	s
電流	I	アンペア	A
熱力学温度[a] （絶対温度）	T	ケルビン	K

物質量[b]	n	モル	mol
光度	I_v	カンデラ	cd

a：温度に関しては「熱力学温度」が推奨される名称であるが，本書では，より一般的に使われている「絶対温度」を用いる。
b：モルという単位は原子や分子のみならず，電子や光子にも用いることができる。

固有の名称と記号をもつ SI 組立単位

物理量	SI 単位の名称	記号	SI 基本単位による表現
振動数	ヘルツ	Hz	s^{-1}
力	ニュートン	N	$m\,kg\,s^{-2}$
圧力，応力	パスカル	Pa	$m^{-1}\,kg\,s^{-2}=N\,m^{-2}$
エネルギー，仕事	ジュール	J	$m^2\,kg\,s^{-2}=N\,m$
仕事率	ワット	W	$m^2\,kg\,s^{-3}=J\,s^{-1}$
電荷	クーロン	C	$s\,A$
電位差，電圧	ボルト	V	$m^2\,kg\,s^{-3}\,A^{-1}=J\,C^{-1}$
静電容量	ファラド	F	$m^{-2}\,kg^{-1}\,s^4\,A^2=C\,V^{-1}$
電気抵抗	オーム	Ω	$m^2\,kg\,s^{-3}\,A^{-2}=V\,A^{-1}$
コンダクタンス	ジーメンス	S	$m^{-2}\,kg^{-1}\,s^3\,A^2=\Omega^{-1}$
磁束	ウェーバ	Wb	$m^2\,kg\,s^{-2}\,A^{-1}=V\,s$
磁束密度	テスラ	T	$kg\,s^{-2}\,A^{-1}=V\,s\,m^{-2}$
インダクタンス	ヘンリー	H	$m^2\,kg\,s^{-2}\,A^{-2}=V\,A^{-1}\,s$
セルシウス温度[a]	セルシウス度	℃	K
平面角	ラジアン	rad	1
立体角	ステラジアン	sr	1

a：セルシウス温度は基本単位の積や商では表せず，$\theta/℃=T/K-273.15$ で定義される。

SI 接頭語

倍数	接頭語	記号	倍数	接頭語	記号
10	デカ	da	10^{-1}	デシ	d
10^2	ヘクト	h	10^{-2}	センチ	c
10^3	キロ	k	10^{-3}	ミリ	m
10^6	メガ	M	10^{-6}	マイクロ	μ
10^9	ギガ	G	10^{-9}	ナノ	n
10^{12}	テラ	T	10^{-12}	ピコ	p
10^{15}	ペタ	P	10^{-15}	フェムト	f
10^{18}	エクサ	E	10^{-18}	アト	a
10^{21}	ゼタ	Z	10^{-21}	ゼプト	z
10^{24}	ヨタ	Y	10^{-24}	ヨクト	y
10^{27}	ロナ	R	10^{-27}	ロント	r
10^{30}	クエタ	Q	10^{-30}	クエクト	q

$10^3\,kg$ や $10^{-6}\,kg$ のことは $1\,kkg$ とか $1\,\mu kg$ とは書かずにそれぞれ $1\,Mg$，$1\,mg$ と記述する。また，接頭語と単位の間にスペースをあけてはならない。たとえば，$m\,A$ と記述すると，これはミリアンペアではなく，メートル×アンペアという意味になる。

基本物理定数の値

物理量	記号	数　値	単位
真空中の光速[a]	c	2.99792458×10^8	$m\ s^{-1}$
電気素量[a]	e	$1.602176634 \times 10^{-19}$	C
プランク定数[a]	h	$6.62607015 \times 10^{-34}$	J s
アボガドロ定数[a]	$N_A,\ L$	$6.02214076 \times 10^{23}$	mol^{-1}
ボルツマン定数[a]	$k_B,\ k$	1.380649×10^{-23}	$J\ K^{-1}$
気体定数[b]	$R = k_B N_A$	8.31446261815324	$J\ K^{-1}\ mol^{-1}$
ファラデー定数[b]	$F = e N_A$	$9.64853321233100184 \times 10^4$	$C\ mol^{-1}$
標準大気圧[a]	atm	101325	Pa
真空の透磁率	μ_0	$1.25663706212 \times 10^{-6}$	$N\ A^{-2}$
真空の誘電率	$\varepsilon_0 = 1/\mu_0 c^2$	$8.8541878128 \times 10^{-12}$	$F\ m^{-1}$
電子の質量	m_e	$9.1093837015 \times 10^{-31}$	kg
陽子の質量	m_p	$1.67262192369 \times 10^{-27}$	kg
中性子の質量	m_n	$1.67492749804 \times 10^{-27}$	kg
原子質量定数	m_u	$1.66053906660 \times 10^{-27}$	kg

a：定義された厳密な値
b：定義された厳密な値の積

単位系の計算

　第8章に登場する理想気体の状態方程式 $PV = nRT$ を例に単位系の計算について述べる。斜体字の記号は前の方から順に，圧力，体積，物質量，気体定数（8.3145 $J\ K^{-1}\ mol^{-1} = 8.3145\ m^2\ kg\ s^{-2}\ K^{-1}\ mol^{-1}$），絶対温度を表している。

　ここで，273 K，1.00×10^5 Pa（$= m^{-1}\ kg\ s^{-2}$）において 1.00 mol の理想気体が占める体積を求めてみよう。上の式を変形し，それぞれの単位を添えた数値を式に代入して計算する。

$$V = \frac{nRT}{P} = \frac{1.00\ mol \times 8.3145\ m^2\ kg\ s^{-2}\ K^{-1}\ mol^{-1} \times 273\ K}{1.00 \times 10^5\ m^{-1}\ kg\ s^{-2}} = 2.27 \times 10^{-2}\ m^3$$

単位をいずれも SI 基本単位で表記すると，単位の間の掛け算や割り算は数値計算と同様に行うことができる。そして，自然に単位が残った形で結果を得ることができる。体積を求めたいのに，別の単位で結果が得られた場合には，関係式の選択を誤ったか，計算を途中で間違ったことになる。

有効数字と測定値の演算

有 効 数 字

　各種の計量器や測定機器で測定した物理量を示す値を測定値という。この値は，測定者の読み取り誤差，計器類の精度などにより，真の値からずれる。測定値と真の値との差を誤差という。誤差が生じるのは止むを得ないが，それがどの程度なのかを知った上で，測定結果の処理を行わなければならない。

　最小目盛りが 0.1 cm^3 のビュレットを使用して滴定を行った。このような場合，普通，最小目盛りの十分の一まで目分量で読む。その値が 23.45 cm^3 であったとす

> 本書では容量あるいは体積を SI 単位（dm^3 や m^3）で表記するが，化学実験で使用するガラス器具（ビュレット，メスフラスコなど）の容量には計量法で ml（$= cm^3$）を使用することとなっている。

る。測定値の 23.4 までは信頼できるが，最後の 5 は目分量で読み取ったので，多少の不確実さが残る。しかし，4 や 6 とするよりも 5 とした方がより真の値に近い。それゆえに，4 つの数字 23.45 はすべて意味のある数字である。このような数字を**有効数字**という。この例では，有効数字は 4 桁である。アナログの計器類では，こうして目分量で目盛りを読むことが常である。

　一方，デジタル表示で数値を読む場合には，最後の桁が上の例で目分量で読み取った数に相当する。したがって，分析用の電子天秤で 10 円玉の質量を量ったところ，4.5028 g と表示されれば，有効数字は 5 桁ということになる。

　もちろん有効数字の桁数が多いほど，その測定値の精度は高いといえる。機器類の仕様書には精度が明記されているので，それを参考にして必要な有効数字が得られる装置を選ばなければならない。

有効数字の表し方

　ガラス瓶に入ったある液体の容量が 250 cm³ とラベルに表示されていたとする。さて，この場合の有効数字は 2 桁であろうか，それとも 3 桁であろうか。このような混乱を避けて，有効数字をはっきりさせるために $x \times 10^n$ のように表記することが望ましい。ここで，x は整数部分が 1 桁になる小数で表した有効数字の部分である。上の液体の容量は

　　有効数字 2 桁の場合　　2.5×10^2 cm³
　　有効数字 3 桁の場合　　2.50×10^2 cm³

となる。ただし，単に，250 cm³ と表示されていたら，有効数字は 3 桁を表していることが多い。本書でも，煩雑さを避けるため 2.50×10^2 としないで，250 のように記述してある場合もある。この場合，原則として有効数字は 3 桁であると思っていただきたい。

測定値の演算

　電卓で計算をすると，足し算と引き算（加減算）の場合には，入力した数の小数点以下の桁が最も多いものに合わせて計算結果が表示される。たとえば，小数点以下が 1 桁の数 1.1 と 2 桁の数 2.22 を足し合わせると

$$1.1 + 2.22 = 3.32$$

と表示される。しかし，1.1 は小数第 1 位に誤差を含み，計算結果の小数第 2 位以下は意味のない数である。したがって，加減算では，四捨五入をして小数点以下の桁を揃える。上記の例では，最後の 2 を切り捨てて 3.3 とする。3.3 とは，3.25 以上 3.35 未満という意味である。なお，この際，「約」をつける必要はない。測定値が誤差を含むことは暗黙の了解事項だからである。

　4 g のものと 5 g のものをあわせたら，何 g になるであろうか。4 g とは 3.5 g 以上 4.5 g 未満のことであり，5 g とは 4.5 g 以上 5.5 g 未満のことである。よって，答えは，8.0 g 以上 10.0 g 未満となる。一方，9 g とは 8.5 g 以上 9.5 g 未満のことであり，両者は一致しない。しかし，ここは特に断らない限り，9 g と答えてよい。理由は，誤差は相殺するという考えがあるからである。

掛け算と割り算（乗除算）についても注意が必要である。たとえば，電卓で次の計算をすると

$$1.23 \times 2.345 = 2.88435$$

と6桁の答えが表示される。しかし，この計算では，計算値の3桁目に既に誤差を含み，4桁目以降は意味のない数字である。つまり，有効数字の桁数が異なる数の掛け算では，答えの有効数字は桁数の少ない方に合わせる。上記の例では，最後の435を切り捨てて2.88とする。

指数関数や対数関数が含まれる場合の計算はより複雑なものとなる。たとえば，$\exp(5.00) = 148.4$ の計算では，5.00に ± 0.005 の誤差が存在すると考えれば，$\exp(4.995) = 147.7$ 以上，$\exp(5.005) = 149.2$ 未満となる。よって，厳密には148という3桁の精度はない。しかし，本書では，ここまで立ち入ることはせず，問題に3桁の精度が与えられていれば，答えも3桁で解答するようにしている。

科学計算では，多数の測定値について掛け算と割り算を繰り返すことも多い。たとえば，体積を計算して，しかる後に密度を計算するような場合である。このような場合，途中の計算は有効数字の桁数のもっとも少ないものよりも2桁程度多く計算し，最後に四捨五入して最小の桁数に合わせた数を計算結果として採用する。たとえば，半径が1.3 cm，高さが3.5 cmの円柱状の物体の質量を測定したところ，45.7 gであったとしよう。密度 d を計算する場合，まず体積 V の計算の段階で2桁に四捨五入してしまうと

$$V = \pi \times 1.3^2 \times 3.5 = 18.582\cdots = 19 \text{ cm}^3$$

となる。この場合，密度 d は

$$d = 45.7/19 = 2.405\cdots = 2.4 \text{ g cm}^{-3}$$

となる。しかし，体積として18.58 cm^{3}を採用すると

$$d = 45.7/18.58 = 2.459\cdots = 2.5 \text{ g cm}^{-3}$$

となる。この場合，後者の計算方法の方が望ましい。また，円周率 π などの定数も最小の有効桁プラス2桁以上の値を採用することが望ましい。

最後に，「桁落ち」について触れておこう。液体の密度を測定する場合を考える。ピペットで10.0 cm^{3}の液体試料を量りとり，それを50.8 gの容器に入れて質量を測定したところ59.6 gであったとする。密度は

$$(59.6 - 50.8)/10.0 = 8.8/10.0 = 0.88 \text{ g cm}^{-3}$$

と計算される。すなわち，測定値はすべて3桁であるが，引き算の段階で有効数字は2桁になり，最終的な密度も2桁の精度しかなくなる。これは，特に表計算ソフトを利用するような際に注意すべき点である。

測定値の誤差

同じ測定を繰り返し，n 個の測定値を得たとする。これらの測定値を用いてヒストグラムを作図すると，n が大きければ，ある値を中央値とし，左右対称な裾をもった形の分布が得られるはずである。この分布の形は測定値の質に関して二種類の情報を含む。「正確さ」は，測定値が最確値（真の値に近いもっとも確からしい値）

にどの程度一致しているかの度合いを示す。すなわち，中央値が最確値に近いほど，その測定は正確となる。「精密さ」は，測定値がどの程度ばらついているかの度合いを示す。すなわち，中央値からの裾の広がりが狭いほど，その測定は精密となる。したがって，測定値が最確値の周辺に集まっている場合には，その測定は正確さも精密さもよいことになる。

ギリシャ文字とその読み方

文字		読み	文字		読み
A	α	アルファ	N	ν	ニュー
B	β	ベータ	Ξ	ξ	グザイ
Γ	γ	ガンマ	O	o	オミクロン
Δ	δ	デルタ	Π	π	パイ
E	ε	イプシロン	P	ρ	ロー
Z	ζ	ゼータ	Σ	σ	シグマ
H	η	エータ	T	τ	タウ
Θ	θ	シータ	Υ	υ	ウプシロン
I	ι	イオタ	Φ	ϕ	ファイ
K	χ	カッパ	X	χ	カイ
Λ	λ	ラムダ	Ψ	ψ	プサイ
M	μ	ミュー	Ω	ω	オメガ

ギリシャ語およびラテン語起源の数詞

	ギリシャ語起源	ラテン語起源
1	モノ	ユニ
2	ジ	バイ
3	トリ	トリ
4	テトラ	クワドロ
5	ペンタ	クインク
6	ヘキサ	セクス
7	ヘプタ	セプト
8	オクタ	オクト
9	ノナ	ノナ
10	デカ	デカ

コラム：科学の役割

りんごの実が木から落ちる。なぜだろう？

ニュートンは，「りんごにも地球にも質量があり，質量のあるものの間には引力が働くからだ」と考えた。では，なぜ，質量のあるものの間には引力が働くのだろう？ ここで，さらに「質量による時空の歪み」などと説明しても，やはり「なぜ？」はなくならない。「なぜ？」はどこまでも続くのである。要するに，科学（自然科学）の力で「なぜ？」をなくすことはできない。

では，科学の役割とはなんだろう？　科学は「なぜ？」をなくすことはできないが，その数を減らすことならできる。たとえば，太陽系における地球の公転運動も，りんごの落下と同じ「万有引力（重力）の法則」を起点に据えることで統一的に理解される。すなわち，科学的考察によって，複数の「なぜ？」の集約が可能なのである。

ボーアは，水素原子において，1個の電子が原子核のまわりを円運動しているというモデルで，その輝線スペクトルを見事に説明した（3.D節参照）。彼のモデルは He^+ イオンのスペクトルや特性 X 線（2.3節参照）の説明にも適用できた。つまり「なぜ？」の数を減らすことに成功した。しかし，ボーアのモデルでは 2 電子系である He 原子のスペクトルの説明はできなかった。実は，地球の公転運動も，木星など他の惑星や月の影響を含めると数学的に厳密解を得ることはできない。しかし，実用上問題のないレベルの近似解なら得られる。一方，ボーアのモデルでは，どうやっても多電子原子のスペクトルの説明はできなかった。そこで，シュレーディンガー方程式（3.4節参照）をはじめとする本格的な量子力学の登場となる。シュレーディンガー方程式も He 原子などの多電子系では厳密解は得られない。しかし，その近似解が多電子原子のみならず，複雑な分子の構造までも見事に再現し，「より少ない仮定で，より多くの現象を説明すること」に成功したのである。

もちろん，科学の役割は，「なぜ？」の数を減らすことだけではない。現実の世界は，「原理や法則が与えられればすべてがわかる」というほど単純ではない。また，科学には基礎工学という側面もあり，このような応用面においては，経験則に基づく未知の現象の予測も重要である。そのためには，地道なデータの蓄積も欠かせない。しかし，どのような状況にあっても，可能な限り「なぜ？」を問い続ける姿勢の意義は変わらない。経験則を経験則で終わらせない努力を怠ってはならない。

最後に，幾多の科学者や哲学者を悩ませてきた問いを一つ。アリストテレスは「全体は部分の総和に勝る」といったという。一方，化学に限っては「全体は部分の総和」であり，化学現象の「なぜ？」は，酵素反応などの複雑系も含めて最終的にはすべて物理法則に帰着できるという考え方が一般的である。たとえば，ルシャトリエの原理（10.4節参照）は，熱力学の法則だけから導出できる。では，生物学や脳科学，さらには心理学における「なぜ？」も，原理的には物理学にまで還元可能なのだろうか。申しわけないが，その答えは本書にはない。

(梅本宏信)

索　引

あ

アクセプター（accepter）　84
アボガドロ定数（Avogadro constant）　8
アボガドロの法則（Avogadro's law）　6, 89
アモルファス（amorphous）　84
アレニウスの式（Arrhenius equation）　161
安定同位体（stable isotope）　23

い

イオン化エネルギー（ionization energy）　17
イオン化傾向（ionization tendency）　18, 149
イオン結合（ionic bond）　39, 65
イオン結晶（ionic crystal）　65, 78
イオン半径（ionic radius）　22
イオン半径比（ratio of ionic radii）　78
一次反応（first-order reaction）　156
一重結合（single bond）　40
陰イオン（anion）　17

え

液晶（liquid crystal）　126
液相（liquid phase）　123
液相線（liquidus）　128
sp^2 混成軌道（sp^2 hybrid orbital）　56
sp^3 混成軌道（sp^3 hybrid orbital）　55
sp 混成軌道（sp hybrid orbital）　58
N 殻（N shell）　10
n 型半導体（n-type semiconductor）　83
エネルギー（energy）　9, 87
エネルギー帯（energy band）　76
エネルギーバンド（energy band）　77
エネルギー保存の法則（law of conservation of energy）　87
M 殻（M shell）　10
L 殻（L shell）　10
塩基（base）　141
塩基解離定数（base dissociation constant）　145
延性（ductility）　77
エンタルピー（enthalpy）　91

エントロピー（entropy）　101, 103

お

オキソニウムイオン（oxonium ion）　48, 142

か

外界（surrounding）　88
会合体（associate）　134
開放系（open system）　88
界面（interface）　123
化学結合（chemical bond）　39
化学電池（chemical cell）　149
化学平衡（chemical equilibrium）　112
化学ポテンシャル（chemical potential）　111
可逆過程（reversible process）　102
可逆反応（reversible reaction）　112, 159
化合物（compound）　6
活性化エネルギー（activation energy）　161
価電子（valence electron）　17
価電子帯（valence band）　82
還元（reduction）　148
還元剤（reductant）　148
緩衝液（buffer）　145

き

擬一次反応（pseudo-first-order reaction）　159
気相（vapor phase）　123
気相線（vapor phase curve）　128
気体定数（gas constant）　89
気体反応の法則（law of gaseous reaction）　6
基底状態（ground state）　9
起電力（electromotive force）　149
軌道（orbital）　1, 9
希薄溶液（dilute solution）　137
ギブズエネルギー（Gibbs energy）　107
ギブズの相律（Gibbs phase rule）　124
逆反応（reverse reaction）　112, 159
凝華（deposition）　123
凝固（freezing）　123

171

凝固点 (freezing point) 123
凝固点降下 (depression of freezing point) 137, 138
凝縮 (condensation) 123
共存曲線 (coexistence curve) 125
強電解質 (strong electrolyte) 135
共沸混合物 (azeotrope) 128
共鳴構造 (resonance structure) 60
共役 (conjugation) 62
共有結合 (covalent bond) 39
共有結合結晶 (covalent crystal) 80
共有結合半径 (covalent radius) 21
共有電子対 (shared electron pair) 41
極限構造 (canonical structure) 60
局在化 (localization) 65
極性分子 (polar molecule) 68
均一系 (homogeneous system) 123
禁制帯 (forbidden band) 82
金属結合 (metallic bond) 39, 76
金属結晶 (metallic crystal) 75

く
空間格子 (space lattice) 73
クラウジウス–クラペイロンの式 (Clausius-Clapeyron equation) 131

け
系 (system) 88
K 殻 (K shell) 10
形式電荷 (formal charge) 42
結合角 (bond angle) 52
結合距離 (bond length) 68
結合性分子軌道 (bonding molecular orbital) 44
結晶 (crystal) 73
結晶系 (crystal system) 73
限界半径比 (critical radius ratio) 80
原子 (atom) 1, 6
原子核 (atomic nucleus) 1
原子番号 (atomic number) 5, 20
原子量 (atomic weight) 8
元素 (element) 6

こ
合金 (alloy) 128
光子 (photon) 28
格子定数 (lattice constant) 73
格子点 (lattice point) 73
構造式 (structural formula) 41
光電効果 (photoelectric effect) 27
光電子 (photoelectron) 27
国際単位系 (international system of units) 163
固相 (solid phase) 123
固相線 (solidus) 128

固溶体 (solid solution) 129
孤立系 (isolated system) 88
孤立電子対 (lone pair) 41
混合物 (mixture) 6
混成 (hybridization) 55
混成軌道 (hybrid orbital) 55

さ
最密充填 (closest packing) 74
酸 (acid) 141
酸化 (oxidation) 148
酸解離定数 (acid dissociation constant) 144
酸化還元反応 (oxidation–reduction reaction) 148
酸化還元半反応 (redox half–reaction) 148
酸化剤 (oxidant) 148
酸化数 (oxidation number) 148
三重結合 (triple bond) 40, 59
三重点 (triple point) 124

し
示強変数 (intensive variable) 90
磁気量子数 (magnetic quantum number) 33
σ 軌道 (σ orbital) 45, 46
σ 結合 (σ bond) 45, 46, 57
仕事 (work) 87, 90
仕事関数 (work function) 28
自己プロトリシス定数 (autoprotolysis constant) 143
次数 (partial order of reaction) 156
質量数 (mass number) 23
質量保存の法則 (law of conservation of mass) 6
質量モル濃度 (mass molality) 135
弱電解質 (weak electrolyte) 135
シャルルの法則 (Charles' law) 89
周期表 (periodic table) 15
周期律 (periodic law) 15
自由電子 (free electron) 76
自由電子モデル (free electron model) 76
自由度 (degree of freedom) 124
主量子数 (principle quantum number) 10, 33
シュレーディンガー方程式 (Schrödinger equation) 30
準静的過程 (quasistatic process) 102
昇位 (promotion) 54
昇華 (sublimation) 123
昇華曲線 (sublimation curve) 125
状態図 (phase diagram) 125
状態変数 (variable of state) 90
状態方程式 (equation of state) 89
状態量 (quantity of state) 90
蒸発 (evaporation) 123

索　引

蒸発曲線 (evaporation curve)　125
初期濃度 (initial concentration)　155
示量変数 (extensive variable)　90
真性半導体 (intrinsic semiconductor)　82
浸透 (osmosis)　139
浸透圧 (osmotic pressure)　139
浸透圧増大 (increase in osmotic pressure)　137

す

水素イオン指数 (hydrogen ion exponent)　143
水素結合 (hydrogen bond)　69
水和 (hydration)　135
水和イオン (hydrated ion)　135
スピン量子数 (spin quantum number)　33
スメクチック液晶 (smectic liquid crystal)　126

せ

正孔 (hole)　82
正反応 (forward reaction)　112, 159
絶縁体 (insulator)　82
遷移元素 (transition element)　16
全系 (whole system)　88

そ

相 (phase)　123
双極子-双極子相互作用 (dipole–dipole interaction)　70
双極子-誘起双極子相互作用 (dipole–induced dipole interaction)　71
双極子モーメント (dipole moment)　68
相図 (phase diagram)　125
相転移 (phase transition)　123
速度式 (rate equation)　156
速度定数 (rate constant)　156

た

体心立方格子 (body-centered lattice)　75
単位格子 (unit lattice)　73
単位胞 (unit cell)　73
単体 (simple substance)　6

ち

中性子 (neutron)　5
超臨界流体 (super critical fluid)　126

て

定圧過程 (process at constant pressure)　91
定圧比熱容量 (specific heat capacity at constant pressure)　93
定在波 (standing wave)　30
定積過程 (process at constant volume)　90

定比例の法則 (law of definite proportion)　6
定容過程 (process at constant volume)　90
定容比熱容量 (specific heat capacity at constant volume)　93
転移点 (transition point)　123
電解質 (electrolyte)　135
電気陰性度 (electronegativity)　66
電極電位 (electrode potential)　149
典型元素 (typical element)　16
電子 (electron)　1
電子雲 (electron cloud)　4
電子殻 (electron shell)　1
電子式 (electronic formula)　40
電子親和力 (electron affinity)　18
電子対反発則 (valence shell electron pair repulsion theory)　51
電子配置 (electron configuration)　1
展性 (malleability)　77
電池式 (cell equation)　149
伝導帯 (conduction band)　82
電離度 (degree of dissociation)　135

と

同位体 (isotope)　23
導体 (conductor)　82
ドナー (donor)　83
ド・ブロイ波長 (de Broglie wavelength)　30

な

内殻電子 (inner shell electron)　11
内部エネルギー (internal energy)　87

に

二次反応 (second-order reaction)　157
二重結合 (double bond)　40, 57

ね

熱 (heat)　87, 90
熱容量 (heat capacity)　93
熱力学 (thermodynamics)　87
熱力学第一法則 (first law of thermodynamics)　90
熱力学第三法則 (third law of thermodynamics)　106
熱力学第二法則 (second law of thermodynamics)　101
ネマチック液晶 (nematic liquid crystal)　127

は

配位結合 (coordinate bond)　39, 48
配位数 (coordination number)　78
π 軌道 (π orbital)　46
π 結合 (π bond)　46, 57

174 索引

倍数比例の法則 (law of multiple proportion) 6
π電子 (π electron) 57
パウリの排他原理 (Pauli exclusion principle) 10, 33
八偶説 (octet theory) 39
波動関数 (wavefunction) 32
反結合性分子軌道 (antibonding molecular orbital) 44
半減期 (half-life) 24, 157
半導体 (semiconductor) 82
半透膜 (semipermeable membrane) 139
バンドギャップ (band gap) 82
バンドモデル (band model) 76
反応次数 (overall order of reaction) 156
反応速度 (reaction rate) 155
反応速度式 (rate equation) 156
反応速度定数 (rate constant) 156

ひ

pH緩衝液 (pH buffer) 145
pn接合 (p-n junction) 84
p型半導体 (p-type semiconductor) 83
非共有電子対 (unshared electron pair) 41
非晶質 (amorphous) 84
非電解質 (nonelectrolyte) 135
比熱容量 (specific heat capacity) 93
微分方程式 (differential equation) 31, 34
標準エントロピー (standard entropy) 106
標準水素電極 (standard hydrogen electrode) 150
標準生成エンタルピー (standard enthalpy of formation) 95
標準反応エンタルピー (standard enthalpy of reaction) 96
標準反応ギブズエネルギー (standard Gibbs energy of reaction) 115
標準平衡定数 (standard equilibrium constant) 113
頻度因子 (frequency factor) 161

ふ

ファンデルワールス力 (van der Waals force) 70
ファントホッフの式 (van't Hoff equation) 139
不可逆過程 (irreversible process) 102
不確定性原理 (uncertainty principle) 35
不均一系 (inhomogeneous system) 123
不純物半導体 (extrinsic semiconductor) 83
不対電子 (unpaired electron) 13, 41
物質波 (matter wave) 30
物質量 (amount of substance) 8
沸点 (boiling point) 124
沸点上昇 (elevation of boiling point) 137, 138
沸点図 (boiling diagram) 128

沸騰 (boiling) 124
ブラベ格子 (Bravais lattice) 73
プランク定数 (Planck constant) 27
プロトン (proton) 5
プロトン供与体 (proton donor) 142
プロトン受容体 (proton acceptor) 142
分極率 (polarizability) 71
分散相互作用 (dispersion interaction) 71
分子 (molecule) 4
分子間力 (intermolecular force) 70
分子軌道 (molecular orbital) 44
分子結晶 (molecular crystal) 81
分子構造 (molecular structure) 51
分子量 (molecular weight) 8
分別蒸留 (fractionation) 128
分留 (fractionation) 128

へ

平衡状態 (equilibrium state) 111, 112
閉鎖系 (closed system) 88
ヘスの法則 (Hess's law) 96

ほ

ボイル-シャルルの法則 (Boyle-Charles law) 89
ボイルの法則 (Boyle law) 89
方位量子数 (azimuthal quantum number) 11, 33
放射性同位体 (radioactive isotope) 23
ボーア半径 (Bohr radius) 21

み

水のイオン積 (ionic product of water) 143

む

無極性分子 (nonpolar molecule) 68

め

面心立方格子 (face-centered lattice) 75

も

モル凝固点降下定数 (molar depression constant) 138
モル質量 (molar mass) 8
モル濃度 (molar concentration,, molarity) 114
モル熱容量 (molar heat capacity) 93
モル沸点上昇定数 (molar elevation constant) 138
モル分率 (mole fraction) 124, 135

ゆ

融解 (fusion) 123
融解曲線 (melting curve) 125
誘起双極子 (induced dipole) 71

索　引

誘起双極子-誘起双極子相互作用（induced dipole–induced dipole interaction）　71
有効数字（significant figure）　166
融点（melting point）　123

よ
陽イオン（cation）　17
溶液（solution）　134
溶解度積（solubility product）　115, 146
陽子（proton）　5
溶質（solute）　134
溶媒（solvent）　134

ら
ラウールの法則（Raoult law）　137
ランタノイド（lanthanoid）　16

り
理想気体（ideal gas）　89
理想溶液（ideal solution）　136

立方最密充填（cubic closest packing）　74
量子化（quantization）　13
量子数（quantum number）　33
量子力学（quantum mechanics）　1, 27
臨界圧力（critical pressure）　126
臨界温度（critical temperature）　126
臨界点（critical point）　126

る
ルシャトリエの原理（Le Chatelier's principle）　117

れ
励起状態（excited state）　9

ろ
六方最密充填（hexagonal closest packing）　74
ロンドン力（London force）　71

元素の周期表

	1	2	3	4	5	6	7	8	9	10	11	12	13	14	15	16	17	18
1	1 H 水素 1.0080																	2 He ヘリウム 4.0026
2	3 Li リチウム 6.94	4 Be ベリリウム 9.0122											5 B ホウ素 10.81	6 C 炭素 12.011	7 N 窒素 14.007	8 O 酸素 15.999	9 F フッ素 18.998	10 Ne ネオン 20.180
3	11 Na ナトリウム 22.990	12 Mg マグネシウム 24.305											13 Al アルミニウム 26.982	14 Si ケイ素 28.085	15 P リン 30.974	16 S 硫黄 32.06	17 Cl 塩素 35.45	18 Ar アルゴン 39.95
4	19 K カリウム 39.098	20 Ca カルシウム 40.078	21 Sc スカンジウム 44.956	22 Ti チタン 47.867	23 V バナジウム 50.942	24 Cr クロム 51.996	25 Mn マンガン 54.938	26 Fe 鉄 55.845	27 Co コバルト 58.933	28 Ni ニッケル 58.693	29 Cu 銅 63.546	30 Zn 亜鉛 65.38	31 Ga ガリウム 69.723	32 Ge ゲルマニウム 72.630	33 As ヒ素 74.922	34 Se セレン 78.971	35 Br 臭素 79.904	36 Kr クリプトン 83.798
5	37 Rb ルビジウム 85.468	38 Sr ストロンチウム 87.62	39 Y イットリウム 88.906	40 Zr ジルコニウム 91.224	41 Nb ニオブ 92.906	42 Mo モリブデン 95.95	43 Tc テクネチウム (97)	44 Ru ルテニウム 101.07	45 Rh ロジウム 102.91	46 Pd パラジウム 106.42	47 Ag 銀 107.87	48 Cd カドミウム 112.41	49 In インジウム 114.82	50 Sn スズ 118.71	51 Sb アンチモン 121.76	52 Te テルル 127.60	53 I ヨウ素 126.90	54 Xe キセノン 131.29
6	55 Cs セシウム 132.91	56 Ba バリウム 137.33	Lanthanoid ランタノイド	72 Hf ハフニウム 178.49	73 Ta タンタル 180.95	74 W タングステン 183.84	75 Re レニウム 186.21	76 Os オスミウム 190.23	77 Ir イリジウム 192.22	78 Pt 白金 195.08	79 Au 金 196.97	80 Hg 水銀 200.59	81 Tl タリウム 204.38	82 Pb 鉛 207.2	83 Bi ビスマス 208.98	84 Po ポロニウム (209)	85 At アスタチン (210)	86 Rn ラドン (222)
7	87 Fr フランシウム (223)	88 Ra ラジウム (226)	Actinoid アクチノイド	104 Rf ラザホージウム (267)	105 Db ドブニウム (268)	106 Sg シーボーギウム (269)	107 Bh ボーリウム (270)	108 Hs ハッシウム (269)	109 Mt マイトネリウム (277)	110 Ds ダームスタチウム (281)	111 Rg レントゲニウム (282)	112 Cn コペルニシウム (285)	113 Nh ニホニウム (286)	114 Fl フレロビウム (290)	115 Mc モスコビウム (290)	116 Lv リバモリウム (293)	117 Ts テネシン (294)	118 Og オガネソン (294)

Lanthanoid	57 La ランタン 138.91	58 Ce セリウム 140.12	59 Pr プラセオジム 140.91	60 Nd ネオジム 144.24	61 Pm プロメチウム (145)	62 Sm サマリウム 150.36	63 Eu ユウロピウム 151.96	64 Gd ガドリニウム 157.25	65 Tb テルビウム 158.93	66 Dy ジスプロシウム 162.50	67 Ho ホルミウム 164.93	68 Er エルビウム 167.26	69 Tm ツリウム 168.93	70 Yb イッテルビウム 173.05	71 Lu ルテチウム 174.97
Actinoid	89 Ac アクチニウム (227)	90 Th トリウム 232.04	91 Pa プロトアクチニウム 231.04	92 U ウラン 238.03	93 Np ネプツニウム (237)	94 Pu プルトニウム (244)	95 Am アメリシウム (243)	96 Cm キュリウム (247)	97 Bk バークリウム (247)	98 Cf カリホルニウム (251)	99 Es アインスタイニウム (252)	100 Fm フェルミウム (257)	101 Md メンデレビウム (258)	102 No ノーベリウム (259)	103 Lr ローレンシウム (262)

斜体は安定同位体が存在しない元素。天然で特定の同位体組成を示さない元素については、括弧内に放射性同位体の質量数の一例を示す。

下段に原子量を示す。

執筆者略歴 (50 音順)

伊 藤 省 吾
（いとう せいご）

2000 年　東京大学大学院工学系研究科博士課程単位取得中退

現　在　兵庫県立大学大学院工学研究科教授　博士（工学）

植 田 一 正
（うえだ かず まさ）

1995 年　大阪大学大学院理学研究科博士課程修了

現　在　静岡大学学術院工学領域教授博士（理学）

梅 本 宏 信
（うめ もと ひろ のぶ）

1980 年　東京工業大学大学院理工学研究科博士課程修了

現　在　静岡大学名誉教授理学博士

織 田 ゆか里
（おだ ゆかり）

2011 年　大阪大学大学院理学研究科博士後期課程修了

現　在　静岡大学学術院工学領域准教授博士（理学）

神 田 一 浩
（かんだ かず ひろ）

1987 年　東京大学大学院理学系研究科修士課程修了

現　在　兵庫県立大学高度産業科学技術研究所教授　博士（理学）

平 川 和 貴
（ひら かわ かず たか）

2000 年　東京大学大学院総合文化研究科博士課程修了

現　在　静岡大学学術院工学領域教授博士（学術）

宮 林 恵 子
（みや ばやし けい こ）

1997 年　大阪大学大学院工学研究科博士前期課程修了

現　在　静岡大学学術院工学領域准教授博士（工学）

盛 谷 浩 右
（もり たに こう すけ）

2003 年　大阪大学大学院理学研究科博士後期課程修了

現　在　兵庫県立大学大学院工学研究科准教授　博士（理学）

山 田 眞 吉
（やま だ しん きち）

1971 年　名古屋大学大学院理学研究科修士課程修了

現　在　静岡大学名誉教授理学博士

© 伊藤・植田・梅本・織田・神田
　平川・宮林・盛谷・山田　　　2024

2011 年 2 月 18 日　初 版 発 行
2024 年 11 月 25 日　改 訂 版 発 行

基礎から学ぶ
大 学 の 化 学

編 者　梅 本 宏 信
発行者　山 本　格

発 行 所　株式会社　培 風 館

東京都千代田区九段南4-3-12・郵便番号102-8260
電　話(03)3262-5256(代表)・振　替 00140-7-44725

中央印刷・牧 製本

PRINTED IN JAPAN

ISBN978-4-563-04645-3　C3043